少儿读经典

史前动物

童心 ◎ 编著
央美阳光 ◎ 绘图

U0221086

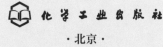

化学工业出版社
·北京·

图书在版编目（CIP）数据

史前动物 / 童心编著 . — 北京：化学工业出版社，
2021.4
（少儿读经典）
ISBN 978-7-122-38469-0

Ⅰ.①史…　Ⅱ.①童…　Ⅲ.①古动物学 - 少儿读物
Ⅳ.① Q915-49

中国版本图书馆 CIP 数据核字（2021）第 026056 号

责任编辑：史　懿　　　　　　　　　　　　装帧设计：宁静静
责任校对：李雨晴

出版发行：化学工业出版社（北京市东城区青年湖南街13号　邮政编码100011）
印　　装：北京瑞禾彩色印刷有限公司
880mm×1230mm　1/24　印张9　2021年3月北京第1版第1次印刷

购书咨询：010-64518888　　　　　　　　　　售后服务：010-64518899
网　　址：http://www.cip.com.cn
凡购买本书，如有缺损质量问题，本社销售中心负责调换。

定　　价：35.00元
版权所有　违者必究

前言

　　人类将没有文字记载的时代称为"史前时代"。在那段漫长的岁月里，地球上陆续出现了许许多多古老而又原始的生命。它们有的遨游在深邃的海洋，有的生活在广阔的陆地，还有的飞翔在无垠的天空……蛮荒的地球因为有了它们而变得丰富多彩。岁月变迁，生命经历了从简单到复杂，从原始到现代的演化。虽然大部分史前生物已经消逝在历史长河中，但它留下的化石记忆，依然能让我们感受到史前时代的别样风采。

　　《少儿读经典·史前动物》对生活在不同地质年代的史前动物进行了详细的介绍，力求为小朋友准确、详实地还原各种史前动物的原貌。与此同时，本书还邀请专业的写实画手合作，绘制了数百张精美细致、富有视觉冲击力的手绘画作，使小朋友可以更加直观地认识未曾谋面的史前动物，了解它们大致的外貌特征、习性以及栖息环境，从而全面、系统地掌握关于史前动物的生命信息。另外，书中还介绍了许多史前动物不为人知的奇妙行为与特点，可以让小朋友更加深入地走进神秘的史前世界。

　　希望小朋友在本书的引领下，在增长知识、拓宽视野的同时，也能对史前动物产生兴趣，进而不断去追寻、探索隐藏在它们身上种种未知的奥秘。

目　录

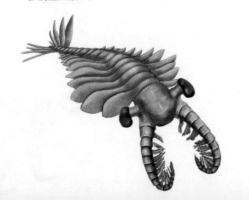

第七章 繁荣的新世界

第一章

生物的萌芽与爆发

地球诞生后，在各种条件的"催化"下，慢慢变成了一个"生物孵化器"。于是，曾经一片荒芜的海洋渐渐孕育出了原始生命，地球生物的进化之旅由此正式拉开帷幕。

前寒武纪

前寒武纪有时又被称为"前古生代"具体是指古生代或寒武纪之前（约5.42亿年前。）

1947 年，古生物学家在澳大利亚埃迪卡拉地区的岩层中发现了大量的古生物化石。经研究，这些化石距今已经有 6.7 亿年的历史了。后来这些化石动物被命名为"埃迪卡拉动物群"。

埃迪卡拉动物群主要是腔肠动物。其身体十分柔软，没有坚硬的骨骼和壳，构造非常简单。与现代动物身体结构主要呈两侧对称不同，它们的身体结构大都是呈辐射对称的。不过，它们有两个胚层。这一点与现今原始的两胚层腔肠动物很类似。

2

环轮水母

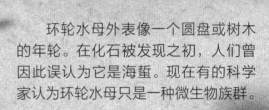

生 活 时 期	前寒武纪
栖 息 地	海底
食 物	浮游生物
化石发现地	澳大利亚、中国、俄罗斯、挪威等

环轮水母外表像一个圆盘或树木的年轮。在化石被发现之初，人们曾因此误认为它是海蜇。现在有的科学家认为环轮水母只是一种微生物族群。

狄更逊水母

生 活 时 期	前寒武纪
栖 息 地	海底
食 物	浮游生物
化石发现地	澳大利亚、俄罗斯等

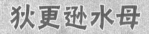

在前寒武纪，还生活着一种古老的生命体——狄更逊水母。它看上去像一个两侧对称、呈肋状的椭圆形。我们可以看到似乎有前端和尾端，却不具备头、嘴等明显的结构。直到现在，关于狄更逊水母的分类还有争议，有人认为它是动物，也有人认为它是真菌。

查恩海笔

生活时期 前寒武纪
栖息地 海底
食物 浮游生物
化石发现地 俄罗斯、澳大利亚、加拿大、英国

查恩海笔的体表就像一根轻盈的羽毛。虽然外表看起来更像植物，但它靠滤食水中的微生物为生，所以它是动物家族的一员。查恩海笔体表分布着很多枝丫。它们呈条纹状排列。一些专家认为，查恩海笔的身上可能有很多寄生藻类。

八臂仙母虫

生活时期 前寒武纪
栖息地 海底
食物 微生物
化石发现地 中国、澳大利亚

八臂仙母虫既没有口，也没有肛门和消化道等器官。当它觉得饥饿时，不会粗鲁地挥动椎状的旋臂，而是会动用旋臂上的表皮细胞静静地吸食海底的微生物，饱餐一顿。所以，这是一种非常"文雅"的动物。

斯普里格蠕虫

生 活 时 期 前寒武纪

栖 息 地 海底

食 性 不详

化石发现地 澳大利亚、俄罗斯

斯普里格蠕虫可能是最早拥有前端和后端的动物。因为从其化石来看，它的头部已经有眼睛和嘴巴的痕迹了。这说明，斯普里格蠕虫很有可能是最早的掠食者。另外，斯普里格蠕虫的身体有很多节，大部分都以不同的方式弯曲着。科学家们推测，它有一个比较柔软的身体。

帕文克尼亚虫

生 活 时 期 前寒武纪

栖 息 地 海底

食 性 不详

化石发现地 澳大利亚、俄罗斯

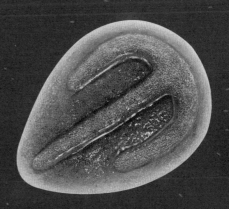

帕文克尼亚虫拥有隆起的盾状脊，中间脊将它的身体分成了两部分。因为帕文克尼亚虫与三叶虫的幼虫有一些相似之处，因此有些人认为它们之间有亲缘关系。已知的帕文克尼亚虫化石保存得都比较完整，有些古生物学家因此推测它可能长着用来保护身体的硬壳。

寒武纪

埃迪卡拉动物群只兴盛了很短的时间就纷纷灭绝了。之后在很长一段时间内，生物种类似乎都处在停滞不前的状态，并不繁盛。直到5.4亿年前的寒武纪，生物界才迎来了"春天"，大量多细胞生物在短短数百万年间"爆发式"地涌现出来……

人们在寒武纪的地层中发现了大量动物化石。这些化石有明显的头部、腿部、外壳和感觉器官，包含许多无脊椎动物的祖先。古生物学家把这次神秘的生命爆发事件称为"寒武纪生命大爆发"。

抚仙湖虫

生活时期 寒武纪
栖息地 海底
食物 海泥
化石发现地 中国澄江

　　抚仙湖虫是"澄江生物群"代表生物之一,是无脊椎动物类群中比较原始的"前辈"。它的身体上有大约30个体节,外骨骼分为头、胸、腹三部分,这种身体结构与泥盆纪的直虾类动物相似。

　　耳材村海口鱼是一种原始的拟似鱼类,属于无颌生物。它有明显的头部和身体,还有背鳍。耳材村海口鱼被认为是至今发掘出的最古老的鱼类。

耳材村海口鱼

生活时期 寒武纪
栖息地 海洋
食性 不详
化石发现地 中国澄江

中华微网虫

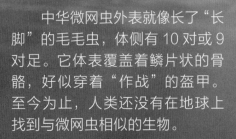

生活时期 寒武纪
栖息地 海底
食性 不详
化石发现地 中国澄江

中华微网虫外表就像长了"长脚"的毛毛虫,体侧有 10 对或 9 对足。它体表覆盖着鳞片状的骨骼,好似穿着"作战"的盔甲。至今为止,人类还没有在地球上找到与微网虫相似的生物。

纳罗虫

生活时期 寒武纪
栖息地 海底
食物 海泥
化石发现地 中国、加拿大

纳罗虫是澄江化石动物群中一种比较常见的节肢动物。它只有头部和尾部,没有胸节,外壳还没有矿化。有意思的是,这种史前无脊椎动物不仅长有刺状角,尾甲上还有尾刺。

奇虾

生活时期 寒武纪

栖息地 海洋

食物 可能为三叶虫、软质微生物等

化石发现地 加拿大、中国

奇虾的体长可达 2 米多，被研究者认为是寒武纪时期海洋里的顶级掠食者。它头部长有两个巨爪，而且上面长满了尖尖的刺。虽然这种大家伙没有腿，但凭借柔软的多节身躯和身侧的片状物却可以游动自如。

奥托亚虫

生活时期　寒武纪
栖　息　地　海洋
食　　　物　小型贝类等
化石发现地　加拿大

奥托亚虫是寒武纪早期最常见的动物之一，属于蠕虫家族。从它圆弧形的化石来看，这些小家伙平时喜欢藏在"U"形洞穴里。奥托亚虫的捕食技艺十分高超，可以通过覆盖着细小钩状物的口部翻动淤泥来捕捉其中的美食。

威瓦西虫

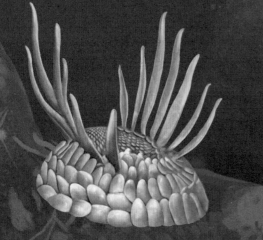

生活时期　寒武纪
栖　息　地　海底
食　　　物　海藻等
化石发现地　加拿大

从外表上看，威瓦西虫就像一只浑身带刺、穿着坚硬盔甲的刺猬。不过，它没有明显的头部和尾部，就连吃东西的嘴巴也藏在那肥大的底面之下。科学家们通过研究化石发现，威瓦西虫可能看不见东西，它平时应该是凭借嗅觉和触觉在海床上行走、寻找食物的。

怪诞虫被认为是寒武纪时期长相最奇特的动物之一。这种身带尖刺并且会行走的蠕虫一经发现，就被科学家们命名为"怪诞虫"。除了骨刺外，怪诞虫的躯体上还长着很多触手，这是它的运动器官。在它身体的一端，长着一个很大的团状物，那可能是它的头部，不过上面并没有嘴巴和眼睛。

生 活 时 期	寒武纪
栖 息 地	海洋
食 物	浮游生物
化石发现地	中国、加拿大

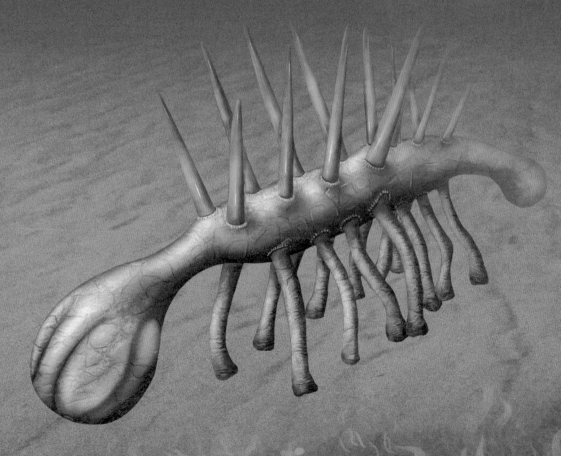

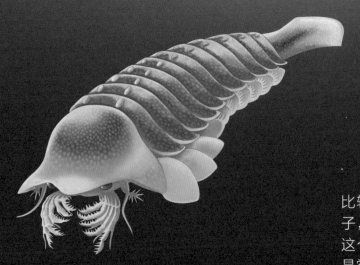

多须虫

生活时期 寒武纪
栖息地 海洋
食性 不详
化石发现地 加拿大

多须虫也是布尔吉斯页岩动物群的一员。比较有个性的是，它的头部周围长有许多爪子，所以科学家才给它起了"圣诞老人蟹"这个有趣的名字。事实上，多须虫很有可能是鲎、蜘蛛等无脊椎动物的祖先。

迷齿虫

生活时期 寒武纪
栖息地 海洋
食物 藻类
化石发现地 加拿大

迷齿虫是最古老的软体动物之一。扁扁的身体使它们看起来就像游动的毯子。迷齿虫的嘴巴长在腹面。牙齿就像锉刀，能轻易地将附着在岩石上的海藻刮下来。

马尔虫

生 活 时 期　寒武纪
栖　息　地　海床
食　　　性　不详
化石发现地　加拿大

马尔虫是最早的节肢动物之一。它的头部是一个盾状硬壳，相当于摩托车手的"头盔"。"头盔"向后延伸出几根尖尖的"长钉"，犹如个性的"犄角"。"头盔"下是它柔软的身体。最特别的就要数它的躯干了，由 25 节体节构成。有趣的是，这些体节上还分布着用作呼吸的羽状肢。

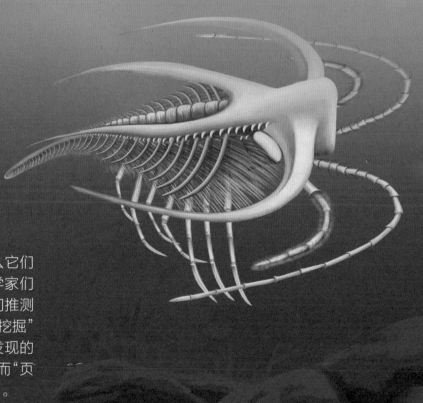

马尔虫究竟吃什么？

马尔虫生活在海床上。那么它们吃什么呢？对于这个问题，科学家们也不能给出确切的答案，但他们推测马尔虫可能是用触角在淤泥中"挖掘"食物以填饱肚子的。因为至今发现的马尔虫化石都存在于"页岩"中。而"页岩"就是由海底淤泥慢慢形成的。

欧巴宾海蝎

生 活 时 期 寒武纪
栖 息 地 海床附近
食 性 不详
化石发现地 加拿大

从外形来看，欧巴宾海蝎绝对称得上最古怪的史前动物之一。那5只带柄的眼睛、灵活的长鼻子以及片状的身体，使它看起来怪极了。

它有"象鼻"

欧巴宾海蝎的鼻子与大象的鼻子一样，十分灵活，是一个能吸吮、取食和感觉的管状器官。特别的是，欧巴宾海蝎的鼻子前端还有一个长着"锯齿"的嘴爪，它就是用这个利器来抓取食物的。所以从这方面来说，欧巴宾海蝎的鼻子似乎很"先进"。

第二章

生物进化的高潮

水对陆地大规模侵进的地质现象被称为海侵，也可以叫海进。受这种运动的影响，海洋的面积变得十分广阔，而海生生物也因此迎来了它们的进化高潮。

奥陶纪

见证生物进化的奥陶纪是古生代的第二个纪，开始于距今约 4.88 亿年前，在约 4.44 亿年前结束，中间持续了 4000 多万年。

奥陶纪时期气候温和，世界大部分地区都被海水淹没，海洋生物的进化也由此进入了高潮阶段：原始脊椎动物开始出现，海生无脊椎动物发展达到鼎盛。

鹦鹉螺

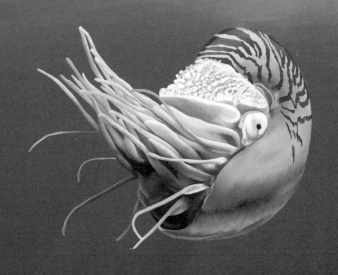

生 活 时 期	奥陶纪至今
栖 息 地	水底
食 物	三叶虫、海蝎子等
化石发现地	世界各地

奥陶纪时期，鹦鹉螺以巨大的体形、灵敏的嗅觉以及凶猛的嘴喙称霸整个海洋，堪称顶级掠食者。当时，鹦鹉螺家族非常繁盛，成员数量是海洋动物中最多的。如今，我们只有在太平洋和印度洋海区才能搜寻到它们的身影。

苔藓虫

生 活 时 期	奥陶纪早期至今
栖 息 地	海洋、淡水水域
食 物	藻类
化石发现地	世界各地

从外表看，苔藓虫很像植物。实际上，它们拥有完整的消化器官，是真正的动物。苔藓虫个子小小的，几乎没有活动能力。它们习惯彼此抱团，生活在固定位置上。苔藓虫会从身体表面分泌一种胶质，形成外骨骼。我们现在发现的苔藓虫化石，就是它们死去后的外骨骼。

直角石

生活时期 奥陶纪

栖 息 地 海洋

食 物 小型无脊椎动物

化石发现地 世界各地

直角石被认为是已灭绝的鹦鹉螺类动物。它们的嘴巴周围长有数条柔软的腕，腕上分布着很多小吸盘。平时，直角石就用这些吸盘捕食猎物。只要猎物被吸住，就会被它们吞掉。

海百合

生活时期 奥陶纪早期至今
栖 息 地 海洋
食 物 微小水生物
化石发现地 中国、德国

海百合并不是长在海底的百合花，而是一种棘皮动物。海百合的身体有一个像植物根茎的柄，柄上面一条条挥舞的"叶子"其实是它的触手。当猎物从它身边经过时，海百合就会用触手把它们抓住，送到嘴巴里。

海百合的化石为什么很珍贵？

海百合死亡后，它们的茎和萼有机会成为化石。但是，海洋不可能安安静静的，海水的扰动让海百合的茎和萼四分五裂，失去了花朵般美丽的姿态。只有当海百合恰好生活在非常平静的海底，它们死后才有可能被完整地保存下来。因为环境要求比较苛刻，所以海百合化石非常稀少珍贵。

志留纪

志留纪是古生代的第三个纪，也是早古生代的最后一个纪。它从 4.44 亿年前开始，于 4.16 亿年前落幕，持续了 2000 多万年。志留纪时期，在奥陶纪大灭绝中幸存下来的生物迎来了"春天"，而新出现的物种也得到了很好的发展。

志留纪时期，有颌类脊椎动物也正式登上生物进化史的舞台，盾皮鱼类和棘鱼类是其中代表。它们的出现是脊椎动物演化的一个重大事件，标志着物种进化的历史翻开了新篇章。

棘鲨

生 活 时 期　志留纪
栖 息 地　河流、湖泊
食 物　小型水生动物
化石发现地　世界各地

棘鲨生活在河流与湖泊中。它们身体大小的差距很明显，大的有几十厘米，小的却只有人手指那么大。棘鲨的外表和现在的鲨鱼很相似，但严格来讲，它们并不是真正的鲨鱼。

翼肢鲎（hòu）是志留纪体形
最大的板足鲎类之一，体长能达到
3米以上。它拥有锋利的口钳，这
对它捕捉猎物有很大帮助。翼肢鲎
的化石在最初的发现者看来，就像
具有翅膀一样，所以人们才把它命
名为翼肢鲎。

翼肢鲎

生活时期	志留纪晚期至泥盆纪中期
栖息地	浅海
食物	鱼、三叶虫等
化石发现地	欧洲、北美洲

布龙度蝎子又叫步龙度蝎子或雷蝎。它的外形和现代的蝎子很像，但要比蝎子大得多，体长可以达到1米以上。它是志留纪重要的掠食者，也是当时少数能够在陆地活动的动物之一。但由于它难以支撑自己的体重，所以无法长时间在陆地上生活。

布龙度蝎子

生 活 时 期 志留纪晚期
栖 息 地 水中
食 物 小型水生动物
化石发现地 欧洲

伯肯鱼

生活时期 志留纪中期
栖息地 淡水水域
食物 藻类
化石发现地 欧洲

伯肯鱼的身体呈纺锤形，表面长着一层密密麻麻、相互交叠的鳞片，身体上方还生有一列脊骨鳞。伯肯鱼正是靠着这些鳞片的保护，才在危机四伏的海洋中生存下来。

初始全颌鱼

生活时期 志留纪晚期
栖息地 近岸水域
食物 藻类、水母、生物碎屑等
化石发现地 中国

初始全颌鱼身体扁平。它一般都是贴在水底，笨拙地游来游去。古生物学家们通过化石分析，认为初始全颌鱼很有可能是最早拥有现代颌骨构造的生物。它的发现，填补了无颌鱼类进化到有颌鱼类过程中的缺失，是古生物界鼎鼎大名的"过渡化石"。

板足鲎

生 活 时 期	志留纪中期
栖 息 地	浅海
食 物	小型水生动物或腐肉
化石发现地	北美地区

板足鲎别名巨蝎，但大多数板足鲎体形都很小。它的躯体分为头胸部和腹部，头部由6个体节组成，腹面有6对附肢。最后一对像小船桨一样的附肢，是它的游泳器官。

第三章

鱼类时代

泥盆纪，各种各样的鱼类活跃在这个时代，因此泥盆纪也被称为"鱼类时代"。

泥盆纪

泥盆纪是古生代的第四个纪，从4.16亿年前开始，于3.59亿年前落幕。它是地球生物界发生巨大变革的时期：原本生活在海洋中的生物大规模登陆，并在陆地上留下自己的印记。

莱茵耶克尔鲎

生活时期 泥盆纪早期
栖息地 水中
食物 其他节肢动物和鱼类
化石发现地 德国

　　莱茵耶克尔鲎全长2.5米，堪称当时节肢类动物中的"巨人"。从化石来看，莱茵耶克尔鲎跟现代的蝎子很像，但是要比它们大很多。莱茵耶克尔鲎还有一个名字叫海蝎，但古生物学家们认为这种动物可能生活在河流湖泊里，而不是海洋中。

　　节肢类动物从泥盆纪一生生存延续到现在，历经了几亿年的风风雨雨，如今的它们依然是动物界数量最多的居民，分布在各种各样的地方。

头甲鱼是鱼形动物中的一员。它们长着一对用来保持平衡的骨板，一个避免身体翻倒的背鳍，一对肉质胸鳍，胸鳍是头甲鱼的主要运动器官。这些小鱼很可能用盾牌似的头部翻搅淤泥，以捕食泥中的生物为生。

头甲鱼

生 活 时 期	泥盆纪早期
栖 息 地	江河、湖泊
食 物	蠕虫等
化石发现地	欧洲

无颌鱼类早在寒武纪时期就已经出现了。尽管它们在奥陶纪初期也发展得不错，但多数成员却在泥盆纪大灭绝中消失得无影无踪。

邓氏鱼

生活时期　泥盆纪
栖息地　浅海
食物　古代鲨鱼、头足类、同类等
化石发现地　摩洛哥、欧洲、美国等

与无颌鱼相比，盾皮鱼类最大的不同是它们拥有可以咬合的上下颌。凭借这件致命武器，盾皮鱼类成为泥盆纪海洋中凶猛的掠食者。

邓氏鱼身体强壮，呈纺锤形，头部和颈部间覆盖着坚硬的外骨骼。它的食欲旺盛，是泥盆纪的超级掠食者，海洋中绝大多数生物都在它的食谱中。但奇怪的是，邓氏鱼的嘴巴里并没有牙齿，取而代之的是双颌边缘锐利的头甲赘生，它们非常锐利，可以粉碎任何猎物。

伪鲛

生活时期 泥盆纪晚期
栖息地 海洋
食物 小型水生动物
化石发现地 欧洲中部

盾鳞是什么？

盾鳞是一些软骨鱼类所特有的鳞片，比如鲨鱼。如果用手从后向前抚摸鱼的皮肤，会感觉像是在摸砂纸一样。盾鳞不仅可以保护鱼本身，还能帮它们游得更快。

伪鲛体长大约20厘米，头部宽阔，逐渐向后变细，身体扁平，有一对很大的胸鳍。在它的体表有许多"小疙瘩"，如果仔细看的话，会发现这些"疙瘩"很像鲨鱼身上的盾鳞。

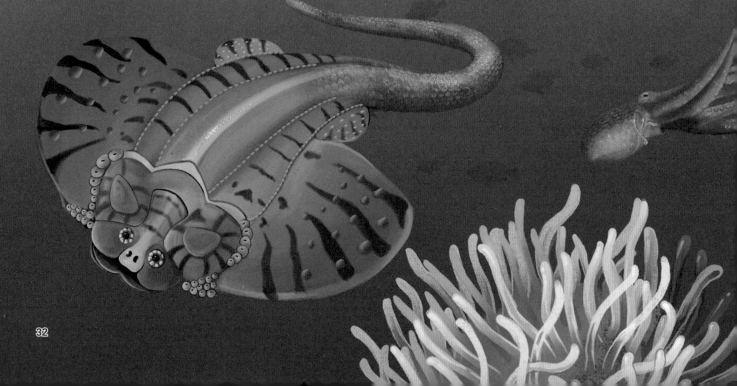

提塔利克鱼

生活时期 泥盆纪中期
栖息地 浅海
食物 小型水生动物
化石发现地 加拿大

根据化石记录，肉鳍鱼类出现在泥盆纪早期，距今约有 3.9 亿年。

提塔利克鱼是最早拥有颈部的鱼类。

提塔利克鱼被认为是介于鱼类和两栖类之间的物种，同时具有鱼类和两栖类的特征。它们的鱼鳍拥有原始的腕骨和指头，可能用来支撑身体，胸鳍还具有发达的肌肉组织，能够像手腕一样弯曲。提塔利克鱼的肋骨非常强壮，可以让它们离开水面，爬上陆地。

双鳍鱼

生 活 时 期	泥盆纪晚期
栖 息 地	淡水水域
食 物	水生植物、小型无脊椎动物
化石发现地	北美洲，苏格兰地区

双鳍鱼是最早出现的一种肺鱼，身体呈长纺锤形，身上长着又大又厚的圆形鳞片，身体末端是一个粗壮的歪形尾。

骨鳞鱼

生 活 时 期	泥盆纪
栖 息 地	淡水水域
食 物	小型水生动物
化石发现地	苏格兰、拉脱维亚、立陶宛、爱沙尼亚

骨鳞鱼的头骨和上下颌是硬骨质的，许多骨块的成分、位置和形状与早期的两栖类类似。它们的牙齿是"迷齿型"的，如果放在显微镜下观察牙齿的横切面，可以看到上面的釉质层有很大的褶皱，形成的图案就像迷宫。

潘氏鱼

生活时期 泥盆纪中、晚期
栖息地 浅海
食物 小型水生动物
化石发现地 欧洲

肉鳍鱼类是硬骨鱼家族里的一个重要类群。它们身上覆盖着铠甲一样的鳞片，身体两侧长着树叶一样的肉质鳍，因而也被人们称为"叶鳍鱼类"。

潘氏鱼身长 90～150 厘米，有一个类似于两栖类的巨大头部，是一种肉鳍鱼类与早期两栖类之间的过渡物种。

裂口鲨

生活时期 泥盆纪早期
栖 息 地 沿海或河道口
食 物 小型水生动物
化石发现地 亚洲、欧洲、美洲

现代的鲨鱼类堪称海洋杀手，但在史前海洋中，原始鲨鱼类的日子就过得惨多了。在那些凶残恐怖的海怪面前，它们只能低调生存。

裂口鲨拥有长长的、流线型的身体，光看外表，和现代鲨鱼差别并不大。古生物学家研究了化石，认为裂口鲨捕猎时会用尾巴包裹住猎物，然后一口吞下。

鲨鱼类是一类古老的脊椎动物，它们的化石最早出现在4亿多年前的泥盆纪，之后一直延续到现代。

胸脊鲨

生 活 时 期 泥盆纪晚期
栖 息 地 海洋
食　　　物 小型鱼类、贝类
化石发现地 北美洲，苏格兰地区

胸脊鲨的特殊器官有什么用处？

　　根据已有的化石分析，古生物学家认为这些特殊的器官很可能只出现在雄性胸脊鲨身上，应该是它们求偶的重要工具。

　　胸脊鲨的外表很奇怪。雄性胸脊鲨高高耸起的背鳍就像一个烟囱，上面长着一撮像牙齿的鳞片，它的头上也有很多这种牙齿状鳞片。在胸脊鲨两侧侧鳍的后方，各长着一根又长又尖的"鞭子"。这些特殊的器官让胸脊鲨成了史前长相最怪异的鱼类之一。

鱼石螈

生活时期　泥盆纪晚期
栖息地　　水中和陆地
食　物　　小型水生动物、昆虫等
化石发现地　格陵兰地区，比利时、中国，北美地区等

据化石记录，最早的两栖动物出现在泥盆纪晚期，它们是由总鳍鱼类进化而来的。

鱼石螈是目前已知最早的两栖类动物。它的身体呈现出鱼类和两栖类的双重特征，已经演化出前后肢，有各自的分工。鱼石螈的后肢无法支撑起沉重的身体，只是辅助它游泳。登陆后，鱼石螈粗壮的前肢才会起到作用，拖动着整个身体，包括后肢，一点一点地前进。

第四章

生物大发展

石炭纪时期，不仅海生无脊椎动物非常繁盛，陆生生物也得到了飞跃发展。

石炭纪

石炭纪是生物大发展的"黄金时代"，开始于约 3.59 亿年前，结束于约 2.99 亿年前，是古生代的第五个纪。由于这一时期的地层中含有丰富的煤炭，因而得名"石炭纪"。

石炭纪植物茂盛，为煤的形成奠定了基础。

由于地质环境的变化，植物大量沉积，被深埋在地层下。

在高压和缺氧的条件下，经过上亿年的时间，煤形成了。

古马陆

生活时期　石炭纪
栖息地　林地
食性　不详
化石发现地　苏格兰地区

古马陆的样子就像巨型蜈蚣，是迄今为止发现的最大的陆生节肢动物。这种庞大的家伙头上长有锋利的大颚，可以轻易取食。而且，古马陆的体表还覆盖着硬硬的"盔甲"，这让它看起来非常无敌。有关资料还表明，古马陆拥有一项特异功能：能散发特殊气味，使敌人失去食欲。

石炭纪时，陆地上有许多大型节肢动物。它们在广袤的陆地上四处游荡，"称王称霸"，描绘出了属于自己的"巨虫"时代。

巨脉蜻蜓

生活时期 石炭纪
栖 息 地 森林
食 物 昆虫等
化石发现地 欧洲

巨脉蜻蜓和今天的蜻蜓一样，有细长的身体、巨大的复眼和两对透明翅膀，但体形大小可是天差地别：巨脉蜻蜓翅膀展开足有六七十厘米宽，古昆虫学家们认为它是地球上曾出现过的最大的昆虫物种。

食谱丰富

巨脉蜻蜓虽然体形有些大，但身姿却十分灵活。古昆虫学家们推测，它们不但会捕捉昆虫充饥，还会向那些小型两栖类动物下手。所以，才有人会说巨脉蜻蜓是石炭纪时期的"恶霸"。

引螈

生 活 时 期 石炭纪、二叠纪
栖 息 地 沼泽
食　　物 昆虫等
化石发现地 北美洲

石炭纪时，两栖动物仍然频繁往返于陆地与水中，但大都只能短暂性地离开水域。

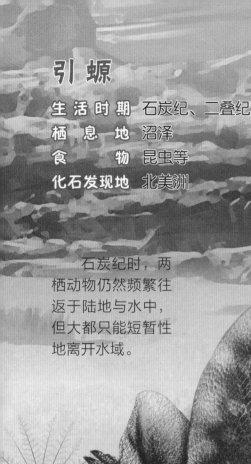

引螈看上去就像一条凶猛的鳄鱼，具有强大的脊椎、粗壮的四肢、巨大而扁平的头骨以及与其相匹配的血盆大口和利齿。事实上，它们没有看起来那么强悍。这些大家伙平时行动起来非常缓慢。

西洛仙蜥

生 活 时 期　石炭纪
栖　息　地　多沼泽森林
食　　　物　昆虫、蜘蛛
化石发现地　苏格兰地区

石炭纪时期诞生的大部分爬行类已经摆脱了对水的依赖，可以到陆地上产卵和生活。

西洛仙蜥的骨骼结构虽然很像两栖动物，但是它们却能长时间生活在陆地上，并在陆地上产卵。古生物学家认为，西洛仙蜥可能与蜥蜴一样，靠追捕灌木丛中的昆虫为生。

中龙

生 活 时 期 石炭纪晚期
栖 息 地 水潭、溪流
食 物 主要是鱼类
化石发现地 非洲、南美洲

石炭纪晚期，爬行动物的主要代表已经出现。

中龙的骨骼不大，身材修长，身后有一条灵活的长尾巴。它的下颌比较长，嘴里还长满了锋利的牙齿，能轻易捕到游动的鱼。它是最早的水下爬行动物之一。

二叠纪

进入二叠纪以后，大陆板块之间的活动更加剧烈，陆地面积由此逐渐扩大，海洋范围不断缩小。受这些因素的影响，地球的生态环境也发生了很大变化。为了适应这种改变，生物界的成员们纷纷做出了选择——不断进化。

蜥螈

生 活 时 期 二叠纪早期
栖 息 地 沼泽
食 性 不详
化石发现地 美国、德国

在二叠纪这一地质时期内，迷齿类两栖动物仍然是两栖动物的主体。它们不断发展、进化，逐渐成为当时具有统治地位的动物群体。

一直以来，很多人认为蜥螈是爬行动物中的一员。因为它们那粗壮的四肢似乎更适合在陆地上生活。但古生物学家们研究发现，蜥螈的近亲在幼年时期与蝌蚪一样会在水中度过。所以，他们推测蜥螈也有这样的习性，应该被归为两栖动物。

莫氏巨头螈

生活时期 二叠纪
栖　息　地 溪流、湖泊
食　　　物 鱼类等
化石发现地 美国、澳大利亚等

　　正如它的名字一样，莫氏巨头螈有一个沉重的头骨。这种史前两栖动物皮肤粗糙、四肢粗壮，有些像鳄鱼。比较特别的是，莫氏巨头螈的背部长有由骨质鳞片重叠而成的甲胄。

　　史前两栖动物的生活习性与现生两栖动物很相似。它们不但经常出没于溪流、江河、湖泊之中，还可以在陆地上生活。

阔齿龙

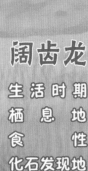

生活时期 二叠纪
栖息地 陆地
食 性 草食
化石发现地 北美洲

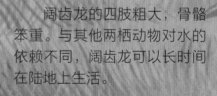

阔齿龙的四肢粗大，骨骼笨重。与其他两栖动物对水的依赖不同，阔齿龙可以长时间在陆地上生活。

49

巨颊龙

生 活 时 期	二叠纪至三叠纪
栖 息 地	潮湿的低地
食 性	植食
化石发现地	世界各地

泥浆浴

发现于俄罗斯的巨颊龙化石显示，它似乎生活在泥潭里。古生物学家推测，巨颊龙可能与现生动物犀牛一样，偏爱到泥沼里避暑纳凉。也许，它同样会用这种方式除去身上那些可恶的寄生虫。

二叠纪时期，地球上有一种非常丑陋的爬行动物——巨颊龙。它们不仅长着粗短的四肢和桶状身体，皮肤上还布满了大大小小的疙瘩。这种体形出众的大家伙动作十分笨拙，身影却遍布世界各地。可惜的是，它们的生命历程非常短暂，只生存了不长时间，就在二叠纪大灭绝事件中销声匿迹了。

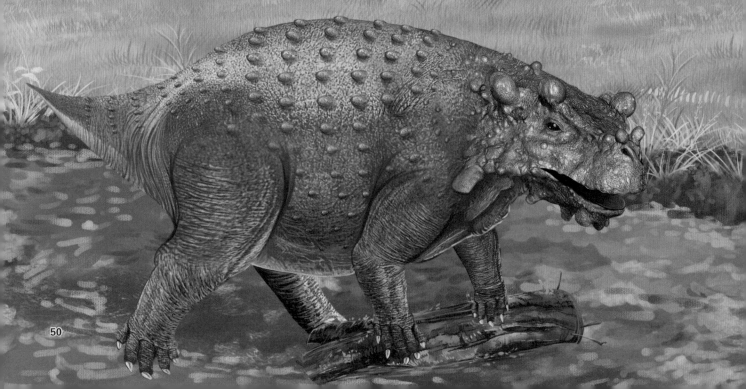

前棱蜥

生 活 时 期 二叠纪中、晚期
栖 息 地 不详
食　　　性 植食
化石发现地 北美洲

前棱蜥是一种小型杯龙类动物。它的头呈三角形，四肢粗壮。根据其骨骼特点，古生物学家推测，前棱蜥应该是一种行动速度非常缓慢的动物。

杯龙类动物是史前爬行动物中最原始的成员。在二叠纪，杯龙家族逐渐壮大、兴盛起来，出现了很多新成员。大量化石和史前遗迹表明，爬行类其他家族都是由杯龙类动物进化而来的。

湖 龙

生 活 时 期　二叠纪
栖 息 地　溪流、湖泊岸边
食 　 　 性　不详
化石发现地　北美洲

湖龙拥有十分粗壮的骨架和坚硬的头骨。它的颚部长有许多尖尖的牙齿，最前端的牙齿长长的，看起来十分锋利。

斯 龙

生 活 时 期　二叠纪
栖 息 地　平原
食 　 　 性　植食
化石发现地　俄罗斯

斯龙有着坚韧的装甲皮层和庞大的体形。它们是一种非常能吃的植食性动物，每天需要食用大量树叶和草补充体力。

基龙

生活时期 二叠纪早期
栖息地 森林
食性 植食
化石发现地 欧洲、美洲

基龙是盘龙类爬行动物。二叠纪初期，盘龙类爬行动物的发展达到了高峰，成为当时实力雄厚的优势家族。家族中的成员在复杂多变的环境中留下了属于它们的生命印迹。

无论是身体结构还是行进姿态，基龙都很类似现在的爬行动物。它们的头部短而宽，看起来与长长的身体极不协调，背上还有巨大的背帆。基龙是草食性动物，当遇到危险时，会联合同类一起御敌。

杯鼻龙

生活时期　二叠纪
栖　息　地　平原
食　　　性　植食
化石发现地　北美洲

　　杯鼻龙的身材就像一个大大的圆球，显得有些笨重。不过，它们不需要太大的运动量就可以填饱肚子。因为杯鼻龙只要伸出那巨大的趾爪，就能挖掘到营养丰富的植物根茎。

　　从古生物学家挖掘出的蛇齿龙化石可以看出，这是一种颅骨很深、长有长颌并拥有锐利牙齿的爬行动物。人们推测，外形霸气的蛇齿龙可能栖息在水域附近，伺机捕食各种鱼类。

蛇齿龙

生活时期　二叠纪
栖　息　地　河流、池塘
食　　　物　鱼类、小型动物
化石发现地　北美洲

异齿龙

生活时期 二叠纪
栖 息 地 不详
食 性 肉食
化石发现地 北美洲、欧洲

背帆有什么奇妙的用处？

异齿龙最主要的特征就是背部长有一个高高的背帆。古生物学家推测，背帆有可能就是它控制体温的"调节器"。不仅如此，异齿龙也许还能凭它吸引配偶或恐吓敌人。

异齿龙无论身材还是面貌，都与基龙长得十分类似，背上有一排高高突起的"帆"。不过，异齿龙要凶猛得多。在当时，它可是顶级掠食者，经常捕食包括基龙在内的其他爬行动物。

麝足兽

生活时期 **二叠纪晚期**
栖息地 **森林**
食性 **植食**
化石发现地 **南非**

麝（shè）足兽有一个厚重的头颅以及一条短粗的尾巴，它的前肢向身体两侧伸展，有些类似于现生爬行动物蜥蜴。而它的后肢是直立的，与现生哺乳动物很像。尽管体形优于同一时期的其他动物，但麝足兽却是一个"素食主义者"。古生物学家推测，攻击力不强的麝足兽很有可能是其他掠食性动物的重要捕食对象。

二叠纪中期到三叠纪期间，地球上曾经有一大群类似哺乳类的爬行动物繁盛一时，其中的某些成员最后进化成为哺乳动物。这个神秘的动物类群就是由盘龙类动物演化而来的兽孔类动物。

角头兽

生活时期　二叠纪
栖息地　森林
食性　植食
化石发现地　南非

角头兽是麝足兽的近亲，生活习性与麝足兽十分类似。比较特别的是，角头兽的鼻骨和额骨之间有一个突出的"角"。

兽孔类动物已经具备了哺乳动物某些特征，但仍被归于爬行动物的行列。它们的足迹遍布除澳大利亚以外的各个大陆，其中尤以南非数量为最多。

57

罗伯特兽

生活时期 二叠纪晚期
栖息地 林地
食性 植食
化石发现地 南非

罗伯特兽是一种小型植食性动物，与现在的家猫差不多大。它的嘴巴里面长有一对突出的犬牙。

冠鳄兽

冠鳄兽头上的数个角状物让它看起来非常有个性。其中，头顶的两个"犄角"有些类似麋鹿的鹿角，非常醒目。但是，直到现在人们也没有弄清这"犄角"到底有什么作用？

生活时期	二叠纪
栖息地	林地
食性	杂食
化石发现地	俄罗斯

丽齿兽

生活时期　二叠纪
栖 息 地　沙漠、针叶林
食　　性　肉食
化石发现地　蒙古国、俄罗斯

丽齿兽有时会被称为"二叠纪的野狼"，这源于它长有锋利的犬齿，能轻易撕开其他动物的皮肉。其实，丽齿兽不但善于撕咬，还非常善于奔跑。二齿兽、水龙兽等动物就时常在它的追击之下败下阵来，变成了美味大餐。

第五章

爬行动物的时代

二叠纪大灭绝结束后，幸存的爬行动物进入了迅速扩张的阶段。

三叠纪

三叠纪是指从 2.51 亿年前至 2 亿年前的地质时代，是中生代的第一个时期。人们最早在德国发现了这段时期沉积的地层。地质学家发现地层的颜色和岩石结构明显由三个部分组成，所以他们把这段时期称为"三叠纪"。

石莲

生 活 时 期 三叠纪中期
栖 息 地 浅海
食 物 浮游生物
化石发现地 欧洲

石莲生活在海底，远远看去，就像植物一样。它们长有 10 只羽状臂，那是捕食的秘密工具。当一些小型生物从石莲附近经过时，石莲就会用满是黏液的羽状臂牢牢粘住猎物，然后再用细毛把猎物扫入位于身体中央的口中，以填饱肚子。如果遇到掠食者袭击，石莲则会迅速收缩羽状臂，做出防御姿态。

三叠纪时期，原始棘皮类动物灭绝了不少，但也出现了许多新的种类。棘皮类动物的生命力很强盛，即便是现在，还能在海洋中看到它们的身影。

犬颌兽

生活时期　三叠纪早期
栖　息　地　林地
食　　　物　肉类（可能为腐肉）
化石发现地　中国、南非，南美洲、南极洲

三叠纪时期，地球气候炎热干燥，新生爬行动物比喜欢潮湿环境的两栖动物更加适应这一时期的气候。后来，爬行动物开始在全世界范围内繁衍生息，成为当时地球的"霸主"。

犬颌兽的外表和狗很像，是一种很接近哺乳类的爬行动物。它个子不高，又矮又胖，身体强壮，体表可能长有毛发。犬颌兽的脑袋很大，长着锋利的牙齿，咬合力十分强，性格很凶猛，这让它成为三叠纪早期残暴的掠食者。

波斯特鳄

生活时期　三叠纪中、晚期
栖　息　地　北美洲丛林
食　　　物　小型爬行动物
化石发现地　美国

　　波斯特鳄的外表有些像鳄鱼和恐龙的综合体，看上去非常凶恶。波斯特鳄有一个巨大的脑袋并有大大的鼻孔，因此它们在捕猎的时候，可能是靠发达的嗅觉去寻找猎物的。

灵鳄

生 活 时 期 三叠纪晚期
栖 息 地 北美西部的丛林
食 性 未知，可能是杂食
化石发现地 美国

灵鳄长着一颗小脑袋，眼睛大大的；前肢细小，后肢粗壮，经常用两足走路；长尾巴可以帮它保持平衡。灵鳄和恐龙长得很像，运动方式也接近，甚至连饮食习惯也和恐龙区别不大，但它并不是恐龙，而是其他爬行动物。

混鱼龙

生活时期 三叠纪中期
栖息地 海洋
食物 鱼类
化石发现地 亚洲、欧洲、北美洲

鱼龙类是史上最大的海栖爬行类，它们的外表和现代的鱼类有些相像。

混鱼龙是最小的鱼龙类之一，体长只有1米，狭长的吻部长满锋利的牙齿。它靠左右摆动尾巴在水中游泳前进。捕猎的时候，混鱼龙可能会迅猛地加速，突然攻击鱼群，用吻部去捕捉鱼类，然后吃掉。

肖尼鱼龙

生 活 时 期 三叠纪晚期
栖 息 地 海洋
食 物 鱼类、乌贼
化石发现地 北美洲

肖尼鱼龙的眼睛很大，吻部细长，嘴里没有牙齿，捕猎的时候只能吞食猎物，不能咀嚼，因此软体动物乌贼就成了它们最好的食物。肖尼鱼龙身躯庞大，在加拿大发现的化石足有 20 米，最特别的是它的四个鳍非常大，是最大的海生爬行动物之一。

幻龙

生活时期 三叠纪
栖息地 海洋
食物 鱼类
化石发现地 中国，欧洲，北非地区

幻龙的身体修长，呈流线型，脖子和尾巴都非常灵活。它的牙齿又尖又细，就像一根根细针一样。幻龙合上嘴巴，牙齿上下相扣，可以形成一个封闭的"笼子"，把猎物困在口中。

声东击西

幻龙的脖子很长，脖颈肌肉很发达，因此一些科学家推测，幻龙在捕猎的时候，很可能转过长脖子，扭头突袭路过的鱼群。这种"声东击西"的行为和鳄鱼很像。

蓓天翼龙

生活时期　三叠纪晚期
栖息地　河谷、沼泽
食物　昆虫
化石发现地　意大利

　　三叠纪后期，地球出现了第一种飞上天空的爬行动物——翼龙。

　　蓓天翼龙的骨架很轻盈，非常接近现代鸟类。它的尾巴很长，由尾部骨节组成，在飞行的时候能帮它稳定身体。

　　真双型齿翼龙的脑袋大、脖子短，牙齿尖锐，前肢发达。它的尾巴很长，几乎相当于身体总长的一半，在尾巴的末端，长着一个钻石形的尾翼，这能帮助它在飞行时掌控方向。

真双型齿翼龙

生活时期　三叠纪晚期
栖息地　沿海地带
食物　鱼类，可能也捕食昆虫
化石发现地　意大利，格陵兰地区

中国肯氏兽

生活时期 三叠纪中期
栖息地 林地
食物 坚韧的植物和树根
化石发现地 中国

三叠纪时期，兽孔类动物进一步演化，与真正哺乳类的差距越来越小。

中国肯氏兽四肢短小粗壮，行走起来很迟缓。有一个大大的头部和吻部，上颌骨的突起处有两颗向下生长的长牙，通过上颌骨大口咬下植物的枝叶再吞咽下去。为了把食物消化掉，它的消化系统变得十分庞大，这就导致了它的身体看起来有些臃肿。

中国锥齿兽

生活时期　三叠纪晚期
栖息地　林地
食　性　杂食
化石发现地　中国

早期哺乳类由兽孔类演化而来。它们的外形比兽孔类要娇小许多，看上去和大老鼠差不多。它们是温血动物，自身体温一直很稳定，不会随着外界温度发生变化。

在中国发现的锥齿兽，是目前已知最早的哺乳类之一。它的名字来源于自己锥子形状的牙齿。中国锥齿兽虽然属于早期哺乳类，但却和爬行类一样，一生都在换牙。锥齿兽的体形和松鼠差不多，吻部又细又窄，颌关节强壮有力，咬合力很强，能够很轻易地把大型昆虫的甲壳咬碎。

第六章

恐龙时代

　　在漫长的中生代历史中，恐龙一直扮演着重要的角色。它们主宰着陆地，繁衍生息，开枝散叶，进化出了大大小小、形态各异的成员。

恐龙黎明——三叠纪晚期

　　地球生命演化过程的秘密，一直被珍藏在化石中。从恐龙化石被发现的那天开始，这种巨大的生物就激发起了人们强烈的好奇心。这种大约出现在 2.25 亿年前的动物，在长达 1.6 亿年的时间里，一直稳居"动物至尊"的宝座。

　　恐龙由最初的爬行动物初龙类进化而来，但是它们身上却有爬行动物所不具备的特征。在恐龙化石被发现之初，人们从未见过如此"怪异"的化石，所以它一直被认为是一种大型蜥蜴，因而被取名"dinosaur"（恐怖的蜥蜴）。在我国 dinosaur 通常被翻译成"恐龙"。

腔骨龙

生活时期	三叠纪晚期
栖息地	沙漠平原
食性	肉食
化石发现地	中国，北美洲、非洲南部

腔骨龙的名字来源于它中空的骨骼和轻盈的骨架，它的身体足有一辆小汽车那么长，可体重却只有一个几岁大的小孩子那么重。腔骨龙体形修长，吻部比较尖，牙齿是典型的肉食性恐龙模样，尖锐如剑并向内部弯曲，周边有着细微的锯齿边缘，可以帮它更好地猎杀、撕咬猎物。

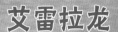

艾雷拉龙

生活时期　三叠纪中期
栖息地　林地
食性　肉食
化石发现地　巴西、阿根廷，北美洲

　　1988年，科学家在阿根廷发现了第一件几乎完整的艾雷拉龙头骨化石。之后人们相继在各地发现了它的化石，并逐渐还原了它的形象。艾雷拉龙有着锐利的牙齿以及强大的咬合力，可以毫不费力地从猎物身上咬住并撕下大的肉块。它的骨骼细而轻巧，后肢强壮有力，这让它成为敏捷的猎手。

始盗龙是最早的恐龙之一，也是一种凶猛的掠食者。从它的化石可以看出，始盗龙的体形不大，跟一只狗差不多。它的前肢短小，两只手都有五指，其中最长的3根长有爪子，后肢粗壮结实。始盗龙可以靠后肢站立、奔跑，并用爪子和牙齿杀死猎物。

始盗龙

生 活 时 期	三叠纪中期
栖 息 地	河谷
食 性	杂食
化石发现地	阿根廷

板龙

生活时期　三叠纪晚期
栖 息 地　平原
食　　性　植食
化石发现地　德国、瑞士、挪威，格陵兰岛地区

　　板龙是板龙科最大的成员，身长可达 8 米。当它用后肢站立直起身子时，高度将近 4 米。板龙有一颗小脑袋，颌部构造就像一把剪刀，锐利的牙齿则像锋利的刀刃，可以轻松地将坚韧的茎叶咬断。科学家认为板龙平时可能是用四肢爬行来寻找食物的，但当有需要时，它会用后肢站立，伸长脖子，去吃高处的树叶。

恐龙盛世——侏罗纪

　　侏罗纪是中生代的第二个地质年代，从距今约2亿年前开始，延续了5000多万年，在1.45亿年前结束。侏罗纪时期，爬行动物占据优势，尤其是恐龙发展迅速，很快成为陆地上的霸主，因此侏罗纪也是恐龙发展的鼎盛时期。

美颌龙

生活时期	侏罗纪晚期
栖息地	灌木丛和沼泽
食性	肉食
化石发现地	德国、法国

美颌龙的身体和现代的鸡大小差不多，但不要因此小瞧它，它可是典型的肉食性动物，性格很凶悍。美颌龙的化石表明，它是一位迅疾如风的奔跑家。美颌龙的骨骼是中空的，这样有助于减轻体重，让它能更快速地追捕猎物。

异特龙

生活时期	侏罗纪晚期
栖息地	平原
食性	肉食
化石发现地	美国、葡萄牙

异特龙年轻的时候，行动敏捷，来去如风。在追捕猎物时，它会用粗壮的后肢作短距离冲刺，然后一口咬住猎物。不过当异特龙慢慢变老，身体就会变得越来越沉，这时它们不再主动追赶猎物，而是隐藏在树林里伏击对方。

角鼻龙

生活时期　侏罗纪晚期
栖 息 地　森林覆盖的平原
食　　性　肉食
化石发现地　美国

角鼻龙的鼻子上方长着一只短角，眼睛前方也有类似角的突起。不仅如此，它们的背部还生长着一串骨质甲片。古生物学家根据化石推断，角鼻龙应该是一种行动快速的掠食者。它的后肢修长结实，长长的尾巴健壮有力，这些结构都有利于角鼻龙快速奔跑。

嗜鸟龙

生 活 时 期	侏罗纪晚期
栖 息 地	森林
食 性	肉食
化石发现地	美国

到目前为止，人们只发现了一具完整的嗜鸟龙骨骼化石。根据化石分析，嗜鸟龙个子不高，体形小巧，属于小型恐龙的一员。它的前肢灵活发达，前两个趾特别长，第三个趾能像人类拇指那样向内弯曲，可以帮助它轻松抓握住挣扎的猎物。长长的尾巴可以让嗜鸟龙在追捕猎物时保持身体平衡。

83

鲸龙

生活时期 侏罗纪中期
栖息地 平原
食性 植食
化石发现地 英国、摩洛哥

　　鲸龙的体形很大，看起来很笨重。它的脊椎骨几乎是实心的，不能起到减轻骨架重量的作用。鲸龙的牙齿呈勺形，可以轻松扯下植物的叶子。它的颈部很长，但并不灵活，只能在一个不大的弧度内摇摆。所以，鲸龙只可以低头喝水，或是啃食蕨类叶片和小型的多叶树木。

腕龙

生 活 时 期 侏罗纪晚期
栖 息 地 平原
食 性 植食
化石发现地 美国

腕龙的头部较小，脖子很长，身躯高大雄伟，四肢粗壮有力，身后长着一根相对短粗的尾巴。它是陆地上最大的动物之一，人们计算过，一只成年的腕龙，从头到尾大约有 23 米长，体重达到 30 ~ 50 吨！

梁龙

生活时期 侏罗纪晚期
栖息地 平原
食性 植食
化石发现地 美国

梁龙是迄今为止人类发现的最长的恐龙之一。梁龙脖子的长度大约是长颈鹿的3倍，而它尾巴的长度更是惊人，几乎和身体的其他部分总和一样长。梁龙的身体看起来很庞大，也很强壮，可它们实际的体重却相对较轻。这是因为梁龙的骨头是中空的。

地震龙

生活时期	侏罗纪晚期
栖息地	开阔的林地
食性	植食
化石发现地	美国

　　地震龙的名字非常形象。从化石来看，地震龙四肢短粗，体形庞大，似乎跺跺脚就能让地面震动。地震龙的脖子很长，或许不能抬得很高，这意味着它只能吃到低处的叶子。它的尾巴又细又长，结实有力，是抵御敌人最好的武器。

剑龙

生活时期　侏罗纪晚期
栖息地　森林
食　　性　植食
化石发现地　美国、葡萄牙

　　剑龙是一种巨大的植食性恐龙。它们的头很小，大脑只有一个核桃般大小，因此，科学家们认为剑龙是一种很笨的恐龙。剑龙脊背上两排巨大的菱形骨板，虽然看起来狰狞恐怖，但它们并不能当成武器使用。

华阳龙

华阳龙出土于中国四川，是早期剑龙类之一。和后来的剑龙类相比，华阳龙的嘴部前端要更短更宽，上颌前端还长有牙齿。更有意思的是，华阳龙四肢的长短几乎一样，而其他剑龙类则是后肢长、前肢短。华阳龙是群居生活的动物，一般3～5只组成一群，由强壮的雄性担任首领，以此对付那些凶恶的肉食性恐龙。

沱江龙

生活时期 侏罗纪晚期
栖息地 森林
食性 植食
化石发现地 中国

　　沱江龙生活在中国四川盆地，是剑龙的亲戚。它的脖子、脊背到臀部，长有十几对三角形的骨板，看起来比剑龙的还要尖利。在沱江龙的尾巴末端，长着可怕的尾刺，每当遭受袭击或者与同类打斗时，它都会猛地一扫尾巴，用尾刺甩击对方。

始祖鸟

生活时期	侏罗纪晚期
栖息地	森林、湖泊
食物	肉类，如昆虫，也可能吃爬行动物
化石发现地	德国

对于大部分古生物学家来说，长羽毛恐龙是恐龙和早期鸟类之间的过渡类型。它们的外表有些像鸟类，但是还保留有许多恐龙的特征。

从德国出土的珍贵化石来看，始祖鸟和现代的鸽子差不多大。它脑袋小、眼睛大、牙齿尖利，尾巴和翅膀上长满羽毛。始祖鸟的前肢上长有爪子，应该是抓取东西用的。它有一根长长的尾椎骨，上面曾经长满漂亮的羽毛。古生物学家根据化石分析，认为始祖鸟有可能是靠滑翔来飞行的。

摩尔根兽

生活时期　侏罗纪
栖息地　林地
食　物　昆虫
化石发现地　中国、美国、英国

　　在世界不同地方出土的化石告诉我们，摩尔根兽在恐龙时代分布十分广泛。它是一种小型哺乳类，有着短短的腿和尾巴。摩尔根兽的颌部具有爬行类与哺乳类的混合特征，它很可能像爬行类一样靠产卵来繁衍后代。

巨齿兽

生活时期　侏罗纪中期
栖息地　林地
食　物　昆虫和植物
化石发现地　中国

　　巨齿兽的体形和现代的松鼠差不多，身体修长，有长长的吻部和尾巴。科学家研究化石后认为，巨齿兽很可能是一种杂食性动物。它的牙齿很特殊，既可以用来咀嚼植物，又可以吞食昆虫和蠕虫，甚至还可以吃掉其他小哺乳动物。

五角海星

生 活 时 期　三叠纪晚期至侏罗纪早期
栖　息　地　沙床
食　　　物　小型水生动物
化石发现地　欧洲

从外形上看，五角海星已经和现代海星十分接近了。它的嘴巴长在腹部，拥有5条腕足，上面有两排管状的腿。但和现代海星不一样的是，五角海星的腿并没有吸附作用，不能当吸盘使用。

五角海百合

生 活 时 期　三叠纪晚期至侏罗纪
栖　息　地　远离陆地的海域
食　　　物　浮游生物
化石发现地　欧洲

五角海百合是史前海百合的一种，和恐龙生活在同一时代。从化石来看，五角海百合长着密密麻麻的触手。可以想象它们活着的时候，在海中挥舞着触手，看上去更像一株美丽的植物，而不是动物。

93

利兹鱼

生活时期 侏罗纪中期
栖息地 海洋
食物 浮游生物
化石发现地 欧洲，智利

利兹鱼很可能是有史以来最大的硬骨鱼类，成年的利兹鱼体长可以达到9米，相当于三层楼的高度。但不要以为大个子的利兹鱼是个凶猛的家伙，它可是一位温柔无害的滤食者。利兹鱼在进食的时候，通常都是大口吸入海水，然后再用力喷出来，用鳃过滤下自己的食物。

狭翼鱼龙

生活时期 侏罗纪早、中期
栖息地 浅海
食物 鱼类
化石发现地 英国、法国、德国、
阿根廷

狭翼鱼龙是鱼龙的一种，它有着近似海豚的体形，流线型的身体和肌肉发达的鳍让它成为当时海洋中的游泳健将。在捕食的时候，它会像一阵龙卷风一样快速冲入鱼群，趁机捕捉猎物。

大眼鱼龙，看到这个名字，我们就可以知道，它是"大眼睛的鱼龙"。相对于体形而言，大眼鱼龙的眼睛是所有史前动物中最大的。它在水下的视力非常优秀，靠着一双大眼睛可以在黑暗的深海中捕猎。

大眼鱼龙

生活时期 侏罗纪晚期
栖息地 海洋
食物 鱼类、贝类和乌贼
化石发现地 北美洲、欧洲，阿根廷

楔形鳄

生活时期 侏罗纪早期
栖息地 陆地
食物 小型陆生动物
化石发现地 南非

楔形鳄是比较原始的鳄形类之一。它的四肢细长，在追捕猎物的时候可以快速奔跑；遇到天敌的时候也能迅速逃离。古生物学家研究了楔形鳄的头骨化石后，发现它有类似鸟类头部的结构，这表明楔形鳄很可能和鸟类之间存在一定关联。

鳄形类是现代鳄鱼的祖先，曾经和恐龙、翼龙一样，是占据主导地位的爬行类统治者之一。

地龙

生活时期 侏罗纪中期至白垩纪早期
栖 息 地 主要为海洋
食 物 鱼类
化石发现地 欧洲、北美洲、中美加勒比地区

　　地龙的身体呈流线型，皮肤平滑，并没有
鳄形类通常具有的厚重"铠甲"，这意味着它
没有沉重的负担，在游泳的时候会更加灵活，
可以在水中随意摆动身体和尾巴。地龙的嘴巴
比大多数鳄形类更长、更窄，里面长满尖牙利齿。

蛇颈龙

生活时期　侏罗纪早期
栖息地　海洋
食物　鱼类、乌贼等软体动物
化石发现地　德国，不列颠群岛地区

　　蛇颈龙修长的颈部和宽阔的身躯，看上去就像一条大蛇穿过了一个乌龟壳。蛇颈龙游泳的时候会像乌龟一样，划动鳍状肢在海中滑行，四只鳍脚就像四支很大的船桨，让身体进退自如，转动灵活。蛇颈龙猎食的时候，会穿梭在鱼群中，左右摆动长脖子，用锥形的牙齿捕获猎物。

　　在侏罗纪，恐龙统治着陆地，而海洋则由另外一群爬行动物支配着。它们体形庞大，性格凶暴，是海洋的主宰者之一。它们就是蛇颈龙类。

菱 龙

生 活 时 期 侏罗纪早期
栖 息 地 沿海
食 物 乌贼、海洋爬行类
化石发现地 英国、德国

菱龙是最早的短颈蛇颈龙之一。它长着满口锥子状的尖牙，让人不寒而栗。菱龙的视觉和嗅觉都很敏锐，每当海水流过嘴巴和鼻孔，它就能感受到猎物的气味。找到猎物后，菱龙会用尖牙袭击对方，然后猛地扭动身体来撕裂猎物。这种捕猎方式跟鳄鱼相同。

滑齿龙

生活时期　侏罗纪中、晚期
栖息地　海洋
食　物　大型乌贼、鱼龙类
化石发现地　俄罗斯、法国、德国，不列颠群岛地区

敏锐的嗅觉

　　古生物学家认为滑齿龙的嗅觉非常发达，它有一种不同寻常的鼻孔构造，能敏锐察觉到水流中猎物的气味。这对滑齿龙在黑暗的深海中捕捉猎物，起到了很大的帮助。

　　滑齿龙是侏罗纪最强大的肉食性动物之一，号称"终极杀手"。它体长5～7米，重达1～1.7吨。科学家估算过，滑齿龙巨大双颌一张一合之间产生的力量，足以把一辆中型汽车咬得粉碎。在这样一只凶猛怪物面前，同时期的海洋爬行类都要远远躲开。

恐龙落幕——白垩纪

进入白垩纪以后，高度繁荣的恐龙家族已经在地球上生存了8000多万年，它们继续统治着陆地，维护着自己的霸权地位，但，白垩纪末期的恐龙灾难却灭绝了恐龙，强大的恐龙突然间灭绝消失，这成为生物史上的难解之谜……

禽龙

生活时期	白垩纪早期
栖息地	森林
食物	苏铁、蕨树和马尾草
化石发现地	比利时、德国、法国、西班牙等

禽龙是人类发现的第一种恐龙化石，是第二种被命名的恐龙。禽龙是本科恐龙中体形最庞大的，身长可达9米，身高可达5米，体重约3.4吨。

豪勇龙

生活时期　白垩纪中期
栖 息 地　河流的三角洲地区
食　　性　植食
化石发现地　非洲

豪勇龙的背部有类似美洲野牛的隆肉。古生物学家认为，它的隆肉与骆驼的驼峰有相似的功能，可以储存脂肪和水，以便在食物匮乏时为其提供能量。

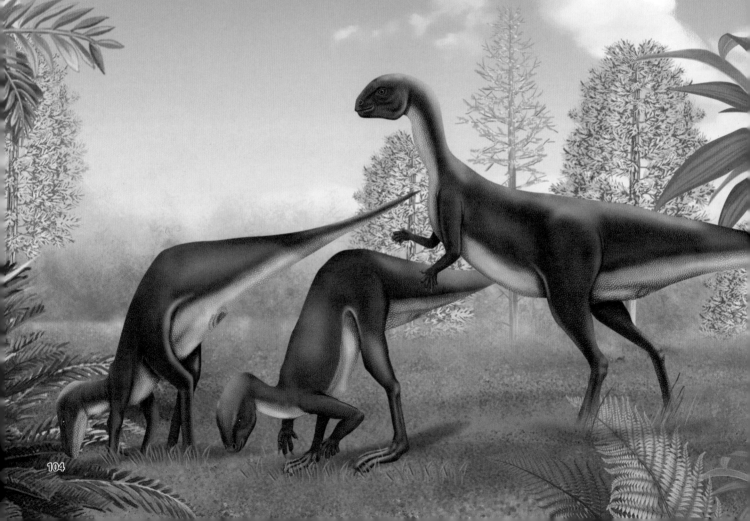

棱齿龙

生 活 时 期	白垩纪早期
栖 息 地	森林
食 物	低矮植物的叶子
化石发现地	亚洲、欧洲、大洋洲、北美洲

棱齿龙身长大约有2米，体重70千克左右，在恐龙家族中体形并不算大。棱齿龙的尾巴僵硬，修长的四肢表明它们能够快速奔跑，以逃离掠食者的捕杀。

鸭嘴龙

生活时期　白垩纪晚期
栖 息 地　沼泽和森林
食　　物　树枝、树叶和种子
化石发现地　北美洲

　　白垩纪晚期，气候温暖，植物生长得十分茂盛，加上自然界中又没有太多的天敌，所以鸭嘴龙发展得非常兴盛。鸭嘴龙有三根脚趾，后腿长而有力，前肢则比较短小。鸭嘴龙的嘴巴里长着成百上千颗牙齿。这些牙齿一层一层地排列着，上层的磨损后，下层的会很快补上。它算得上是牙齿最多的恐龙之一了。

慈母龙

生活时期	白垩纪晚期
栖息地	海岸平原
食物	树叶、果实和种子
化石发现地	美国、加拿大

慈母龙是恐龙王国最后存活的恐龙之一。它具备鸭嘴龙科恐龙的典型特点，拥有平坦的喙状嘴，且前部没有牙齿，鼻部较厚，眼睛前方有小型的尖状冠饰。慈母龙平时用四肢行走，奔跑时既可以用四肢又可以用两足。

副栉龙

生 活 时 期　白垩纪晚期
栖 息 地　森林
食　　　物　植物
化石发现地　加拿大、美国

　　副栉龙的头顶冠饰大而修长，向后方弯曲，看起来就像一把"小号"。古生物学家推测这个有中空细管的"小号"可以发出低沉的声音。此外，副栉龙还有一个有趣的特点：它虽然有数百颗牙齿，但是每次只使用少部分。一些牙齿被磨损后，还会长出新的牙齿。

中国鸟龙

生活时期　白垩纪早期
栖息地　森林
食性　肉食，也有可能是杂食
化石发现地　中国

中国鸟龙可能是世界上第一种分泌毒液的恐龙。这是因为它有着和现生毒蛇、毒蜥蜴相似的沟槽牙齿。古生物学家推测，它在捕食时会先咬住猎物，将毒液注射到对方体内，然后再趁对方麻痹时下手。

犹他盗龙

生 活 时 期 白垩纪早期
栖 息 地 平原
食 性 肉食
化石发现地 美国

　　犹他盗龙被认为是身体条件十分出色的恐龙之一。它的视力与鹰相当，可以准确追踪猎物；它的智商很高，甚至能自己解决一些问题；最令人惊讶的是，犹他盗龙的身体十分轻盈，不但奔跑得很快，还能在高高跳起时急速转身。另外，犹他盗龙后腿的第二趾上长着巨大的钩爪，长度可以达到 24 厘米。

恐爪龙

生活时期　白垩纪中期
栖 息 地　森林、沼泽
食　　性　肉食
化石发现地　美国

　　恐爪龙因长着一对大趾爪而得名。它"镰刀爪"的大小和形状可能会因为年纪的不同而不同。有关研究表明，"镰刀爪"不是恐爪龙用来割破猎物肚皮的，而是用来刺戳猎物的，也可能是攀爬到猎物身上的重要工具。

小盗龙

生 活 时 期　白垩纪早期
栖 息 地　森林
食　　　物　蜥蜴、昆虫、小型哺乳动物
化石发现地　中国辽宁

小盗龙与现在的鹰有些相似，全身长有羽毛，但它并不是鸟类的一员。古生物学家推测，小盗龙在树上长时间居住，经过多年滑翔才学会了飞行的本领。也有的古生物学家认为小盗龙生活在陆地上，它通过追捕猎物才练就了飞行绝技。

艾伯塔龙

生活时期　白垩纪晚期
栖　息　地　森林
食　　　性　肉食
化石发现地　加拿大

艾伯塔龙由于化石发现于加拿大艾伯塔省，故得此名。目前，艾伯塔龙的化石已发现了 30 多具，其中有 22 具发现于同一地点，所以，古生物学家认为艾伯塔龙是一种群居恐龙，并且集体狩猎。这和大多数单独活动的暴龙科恐龙有很大不同。与那些大型的暴龙科恐龙相比，艾伯塔龙的体态更轻盈一些，是行动敏捷、迅速的恐龙。

特暴龙

生活时期	白垩纪晚期
栖息地	河水泛滥的平原
食性	肉食
化石发现地	蒙古国、中国

特暴龙意为"令人害怕的蜥蜴"，是一种大型的两足掠食性恐龙。成年特暴龙体重可达数吨，颈部呈S状弯曲，前肢是暴龙科中最短小的，有两根迷你型手指；后肢长而粗厚；长而重的尾巴可以平衡身体。特暴龙与霸王龙有亲缘关系。

霸王龙

生活时期	白垩纪晚期
栖息地	森林和岸边沼泽地
食性	肉食
化石发现地	北美洲

霸王龙是肉食性恐龙家族中出现最晚、体形最大、最凶猛有力的一种恐龙。在白垩纪晚期，霸王龙凭借着像公共汽车那样庞大的身体、强壮有力的头部，四处横行霸道，捕杀掠食，几乎没有任何对手。所以霸王龙还有一个名字叫作"暴龙"，意思是"恐龙王国中残暴的君王"。

北票龙

生活时期 白垩纪早期
栖息地 森林
食性 植食
化石发现地 中国辽宁

　　北票龙化石未被发现之前，人们一直不确定镰刀龙科恐龙应该归为哪一类。北票龙化石出土后，古生物学家惊喜地在上面发现了皮肤印痕。因为只有兽脚类恐龙是有羽毛的，所以包含北票龙在内的镰刀龙科归属于兽脚类恐龙。

镰刀龙

生 活 时 期	白垩纪晚期
栖 息 地	沙漠、戈壁
食 物	植物，或许也吃一些肉类
化石发现地	中国、蒙古国

镰刀龙的化石于20世纪40年代被一支国际考察队在蒙古国荒凉的戈壁滩上发现。当时人们凭借那个巨大的指爪推测，这种恐龙性情暴烈，应该是善于奔跑、攻击性强的肉食性恐龙。但事实上，它们温和善良，主要以植物为食。

窃蛋龙

生 活 时 期 白垩纪晚期
栖 息 地 沙漠地带
食 物 植物或肉类
化石发现地 中国、蒙古国

窃蛋龙是窃蛋龙科的代表性恐龙。它体形娇小，看起来就像一只鸵鸟，全身也许还披满羽毛；头顶有一个高高耸起的骨质头冠，十分显眼；嘴巴里没有牙齿，但是尖锐的喙嘴强而有力，可以敲碎坚硬的骨头，所以古生物学家推测，窃蛋龙除了果实外，还会找一些软壳动物来吃，所以它应该是一种杂食性恐龙。

尾羽龙

生活时期　白垩纪早期
栖息地　湖泊附近
食　性　植食
化石发现地　中国

尾羽龙是一种外形十分独特的恐龙，全身布满短绒毛，前肢演化成翼状，且长着大片华丽的羽毛，尾巴上还有一束扇形排列的尾羽，不过它的羽毛无法飞行，是用来保暖和吸引异性的。而对于古生物学家来说，尾羽龙的羽毛还有更重要的研究价值——这些羽毛具有明显的羽轴，也发育有羽片，总体形态和现代羽毛非常相似，是鸟类从恐龙演化而来的最明确的证据。

切齿龙

生活时期　白垩纪早期
栖　息　地　森林、草地
食　　　性　植食
化石发现地　中国

　　切齿龙是目前发现的最原始的窃蛋龙科恐龙。它的头骨发生特化，和鸟类十分相似，所以有一些学者认为它或许本身就是一种不会飞行的鸟类。而切齿龙最特别的地方还在于它的牙齿形态：前上颌骨长着一对非常大的门齿，与现在的老鼠很像，而且牙齿上还有在植食性恐龙中常见的明显的磨蚀面，这些特征表明切齿龙是一种植食性恐龙。

重爪龙

生活时期　白垩纪早期
栖息地　河岸
食　性　肉食。捕食鱼类，也可能吃其他动物
化石发现地　英国、西班牙、葡萄牙

重爪龙拥有非常厉害的"武器"——巨爪。巨爪是它拇指上的一个尖爪，很像锋利的钩子。有了巨爪的帮助，当它饥肠辘辘时，就能轻易地从湖中抓到鱼。捕食成功后，重爪龙不会立即享用，而是用嘴巴叼住返回蕨林丛中慢慢进食。

棘龙

生活时期　白垩纪中期
栖息地　热带沼泽
食性　肉食。可能捕食鱼类
化石发现地　摩洛哥、利比亚、埃及

一只成年棘龙的体长可达 18 米，高约 6 米，体重约 19 吨。如此出众的体形，难怪它是最大的兽脚类恐龙了！事实上，除了高大之外，棘龙背部的大"帆"同样让人过目不忘。这个"帆"有一个成人那么高，是由脊椎骨上长出的一根根神经棘被皮膜包裹构成的。

奥沙拉龙

生 活 时 期　白垩纪中期
栖 息 地　河流、湖泊附近
食　　　性　肉食。捕食鱼类、小型恐龙或吃腐肉
化石发现地　巴西

　　已发现的奥沙拉龙化石不够完整。古生物学家依据残缺的化石，经过潜心研究和推测，认为奥沙拉龙有 12～14 米，体重 7～10 吨，是目前在巴西发现的最大的兽脚类恐龙。同时在兽脚类恐龙中，奥沙拉龙的体形仅次于棘龙、霸王龙、巨兽龙和魁纣龙。奥沙拉龙的前肢化石还没有被发现，但古生物学家推测：它拥有强壮的前肢，还有三根巨大、锋利的趾爪，那是奥沙拉龙捕食的强力武器。

大夏巨龙

生 活 时 期 白垩纪早期
栖 息 地 平原
食 性 植食
化石发现地 中国甘肃

　　大夏巨龙化石发现于我国甘肃兰州盆地。不过，到现在为止，我们只找到了它的颈椎和股骨化石。古生物学家据此推测，大夏巨龙拥有一个长长的脖子，其颈椎可能多达 19 节，身长可达 30 米。这使它成为我国发现的最长的恐龙之一。

123

多刺甲龙

生活时期　白垩纪早期
栖　息　地　林地平原
食　　　物　低矮的蕨类植物等
化石发现地　英国

　　已发现的多刺甲龙化石较少，因此对于其了解并不全面，尤其是某些重要的生理特征。比如头骨的缺失，使人类对这种恐龙的认识还局限于身体的后半部，而对于头部还不太明确。多刺甲龙的身体同样覆盖甲板，且长有尖刺，但是甲板并没有和骨头相连。

甲龙

生活时期　白垩纪晚期
栖 息 地　森林
食　　物　低矮的植物
化石发现地　北美洲

甲龙体形较大，在它头部后侧长一对长角，体表覆盖着数以百计的骨质碟片，颈部到尾部还有多排骨质尖刺。这些大家伙有一个"杀伤性武器"——尾锤。只要甲龙猛力挥动尾锤，肉食性恐龙的头骨和牙齿都会被击碎。

包头龙

生 活 时 期	白垩纪晚期
栖 息 地	林地
食 物	低矮的植物
化石发现地	北美洲

包头龙具有宽阔的喙状嘴，颈部有小小的钉状护甲；它的头部呈三角状，被装甲包裹，甚至眼睑上也武装着甲片。不过，与其他甲龙科成员一样，包头龙的腹部没有任何保护装备。这意味着它一旦被敌人弄得四脚朝天，就可能沦为掠食者的口中餐。

埃德蒙顿甲龙

生活时期　白垩纪晚期
栖　息　地　林地
食　　　物　低矮的植物
化石发现地　北美洲

　　埃德蒙顿甲龙是最大的结节龙科恐龙之一。化石显示，它比现代犀牛还要健壮。埃德蒙顿甲龙不但有完美的骨板装备，还有几对大刺突，就像利剑一样。所以，即使肉食性恐龙也要让它三分。

127

古角龙

生 活 时 期	白垩纪早期
栖 息 地	平原
食 物	蕨类、苏铁等植物
化石发现地	北美洲、亚洲

古角龙因头顶那类似"角"的头盾而得名。它有着鹦鹉一样的喙状嘴，十分锋利，进食比较方便。古角龙化石最早于中国甘肃肃北马鬃山地区被发现，包括头骨、尾椎、骨盆以及大部分后耻骨。1996年，由古生物学家董枝明以及东洋一为其命名。

原角龙

生活时期　白垩纪晚期
栖 息 地　灌木丛和沙漠地带
食　　性　植物的茎或叶子
化石发现地　蒙古国、中国

原角龙是角龙类进化开始的标志，也是人类发现的第一只角龙。它体形较小，但四肢相对粗壮。原角龙的前肢和后肢几乎一样长，且脚掌宽阔厚实，趾端具爪。古生物学家据此推测，原角龙可能生活在高原地区。

鹦鹉嘴龙

生活时期　白垩纪早、中期
栖 息 地　河岸边
食　　性　植食
化石发现地　中国、蒙古国、俄罗斯

鹦鹉嘴龙长着喙状嘴，样子很像鹦鹉。它的嘴很锐利，可以切碎植物。在所有的恐龙化石中，鹦鹉嘴龙化石堪称是最丰富、最完整的。因为截至目前，人们已经发现了400多个鹦鹉嘴龙化石标本，这其中包括许多完整的骨架。古生物学家通过研究鹦鹉嘴龙化石后推断，这种多栖息在水边的恐龙是大部分角龙的祖先。

三角龙

生活时期　白垩纪晚期
栖息地　森林
食　　性　植食
化石发现地　北美洲

　　三角龙体形较大，看上去就像是一只巨型犀牛。它的鼻子上长着一只短角，额头上长着两只长角，因此被称作三角龙。三角龙脖子灵活，还长着强有力的喙嘴，因此即便棕榈叶、苏铁等坚韧的植物也能成为它的美食。

131

厚鼻龙

生活时期 白垩纪晚期
栖息地 草原
食性 植食
化石发现地 加拿大

1905 年，厚鼻龙在加拿大艾伯塔省被发现，并于当年被描述、命名。目前发现的化石只有十几块不完整的头骨。至于其鼻部是否长角，这点还无法确定，但其头骨的两眼之间有巨大的、平坦的隆起物，而非角状物，这些"隆起"可能是用来和对手搏斗的武器。另外，厚鼻龙有隆起的颈盾，上面武装着角和刺突，且头盾的形状、大小因个体不同而有差异。

肿头龙

生 活 时 期	白垩纪晚期
栖 息 地	森林
食 性	杂食。吃树叶、果实，也可能吃小动物
化石发现地	北美洲

可以说，肿头龙是恐龙家族中最容易辨识的成员之一。它头顶约 25 厘米厚的坚硬骨质顶就像瘤状头盔一样引人注目。对肿头龙而言，个性的"头盔"非常重要，因为除了争夺首领地位，它还能用"头盔"来恐吓肉食性恐龙。

冥河龙

生活时期　白垩纪晚期
栖 息 地　森林、岸边
食　　性　植食
化石发现地　北美洲

冥河龙那复杂又精巧的骨板，以及头顶、鼻子和嘴巴附近长长的棘状物，让人看起来觉得异常狰狞。其实，这种面目凶恶的家伙与肿头龙有亲戚关系，是肿头龙家族的后起之秀。不过，它却进化得比肿头龙还要高级。

蒙大拿神翼龙

生活时期　白垩纪晚期
栖　息　地　海洋、河岸附近
食　　　物　鱼类
化石发现地　北美洲

进入白垩纪以后，天空依然由翼龙主宰。这时，翼龙的进化已经达到巅峰，出现了很多成员。

蒙大拿神翼龙生活于白垩纪晚期的北美洲，目前只发现了部分翼翅化石。与其他神龙翼龙科亲戚相比，它的体形较小，展翼时可能只有 2.5 米左右。

沧龙

生 活 时 期　白垩纪晚期
栖 息 地　海洋
食　　　物　枪乌贼、鱼类、贝壳
化石发现地　美国、比利时等

　　沧龙有一辆公共汽车那么大，性情非常凶猛。是中生代海洋中最大、最成功的掠食者。这种白垩纪晚期才出现的动物，仅用了约 500 万年的时间，就将鱼龙科、蛇颈龙科以及上龙科等动物逼上了绝路，称霸整个海洋。

始祖兽

生活时期　　白垩纪早期
栖　息　地　河湖岸边矮小的树丛
食　　　物　昆虫
化石发现地　中国辽宁

始祖兽的肩部、肢骨以及细长的足趾与许多善于攀援或树栖的现生哺乳动物非常类似。所以，古生物学家推测它善于在崎岖地面和灌木丛中攀爬。始祖兽化石显示，它是迄今为止发现的包括人类在内的哺乳类家族中最早的成员之一。

白垩纪时期，哺乳动物只占陆地动物的一小部分。无法与强大的恐龙家族相比，它们只能在夹缝中生存。

137

孔子鸟

生活时期　白垩纪早期
栖息地　林地
食　物　种子，也可能以鱼类为食
化石发现地　中国

白垩纪末期，鸟类的数量和种类一直在增加。后来，翼龙逐渐灭绝，鸟类填补了生态空白，取代了它们的地位。

孔子鸟是迄今为止发现的第一种拥有真正角质喙的鸟类。人们从化石标本可以看出，它的骨骼结构十分完整，有清晰的羽毛痕迹。孔子鸟的足爪严重弯曲、拇指反向，这表示它生活在树上。此外，它还具有一些原始特征，如双翼前端各有三个弯曲的指爪。

鱼鸟

生活时期　白垩纪晚期
栖息地　　海岸
食物　　　鱼类
化石发现地　北美洲

鱼鸟的颌部长有牙齿，是一种原始的鸟类。它体形与现代海鸥相仿，只不过头部和喙部要比海鸥长得多。鱼鸟的胸骨扁平，但胸部非常厚实。古生物学家据此推测，鱼鸟是十分杰出的"飞行家"。

白垩刺甲鲨

生活时期 白垩纪
栖 息 地 海洋
食   物 硬骨鱼、沧龙等
化石发现地 北美洲等地

白垩刺甲鲨是一种顶级海洋掠食动物，比白垩纪时海洋中另一种"狩猎者"剑射鱼还要凶猛数倍。它那满嘴锋利的牙齿就像尖刀一样，可以将猎物置于死地，并轻易吞食下去。有关证据表明，沧龙、蛇颈龙都曾是白垩刺甲鲨的狩猎目标。

第七章

繁荣的新世界

辉煌的恐龙时代结束，幸存的物种在休养生息之后，迅速发展壮大。地球重新焕发生机，繁荣的新世界到来了。

古近纪

恐龙灭绝标志着中生代正式结束，新生代开始了。它是地球历史上最新的，也是正在进行的一个地质时代。古近纪是新生代的第一个地质年代，大约从6600万年前开始，到2300万年前结束。

恐龙灭绝后，生物圈留下了许多空白，而哺乳动物迅速繁衍进化，填补了空缺。哺乳动物的时代开始了。

更猴

生活时期　古新世
栖息地　林地
食　　性　植食
化石发现地　亚洲、欧洲、北美洲

更猴的外表和现代的松鼠有点像。它的眼睛长在头部两侧，可以观察周围环境；吻部很长，门牙和老鼠一样，善于啃咬东西；尾巴又大又长，毛茸茸的。更猴是目前已知最早的灵长类动物之一。

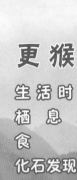

143

长鼻跳鼠

生活时期　古新世
栖息地　森林
食　物　肉类
化石发现地　德国

第一具长鼻跳鼠的完整化石出土于德国。化石显示，长鼻跳鼠的吻部很长，前肢短小，后肢又粗又长，尾巴健壮有力，这副样子活像一只缩小许多倍的袋鼠。如果遇见了掠食者，长鼻跳鼠也会像袋鼠一样，用力蹬着后肢，快速蹦跳着逃命。

全棱兽

生 活 时 期	古新世
栖 息 地	森林
食 性	植食
化石发现地	美国

全棱兽的体形大约和绵羊差不多大，模样和身姿看起来非常像凶猛的猫科动物，但特别的是，它却只吃树叶、蘑菇、果实等。全棱兽的脚上有五个脚趾，而且还有类似有蹄动物的脚关节和脚骨。

提坦兽

生活时期　古新世
栖　息　地　沼泽附近
食　　　性　植食
化石发现地　北美洲

提坦兽是古新世早期的代表性动物之一。它与全棱兽一样，每个脚上长有五根脚趾。虽然一对大大的犬齿让提坦兽看起来有些凶恶，但它们却是食草动物家族的一员。

始祖马又叫始马，曾经广泛分布于北半球一带。它的头部很长，长着 44 颗适合啃食植物的低冠牙齿，体形非常娇小，大约只有一只狐狸那么大。始祖马的前肢有四趾，而后肢则有三趾，被认为是已知最古老的奇蹄目动物。

始祖马

生活时期 古新世

栖 息 地 森林

食　　性 植物

化石发现地 北美洲、欧洲

远古海狸兽

生活时期 古新世
栖 息 地 森林
食 物 以植物为主
化石发现地 美国

白垩纪末期，恐怖的灾难灭绝了恐龙，毁灭了地球大部分生物，只有一小部分幸存了下来，远古海狸兽就是其中一种。它的外表和现在的海狸区别不大，全身覆盖皮毛，长着锋利的牙齿，可以磨碎较硬的植物进食。科学家们认为，从白垩纪大灭绝中幸存下来的远古海狸兽，生命力顽强得可怕。

软食中兽

生活时期　古新世晚期至始新世早期
栖　息　地　沼泽、水边
食　　　物　鱼类
化石发现地　美国、中国

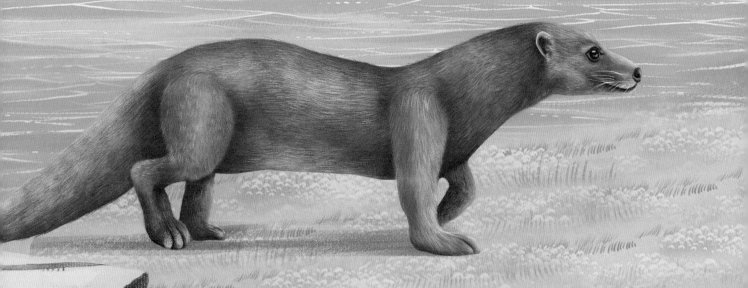

软食中兽是起源于古新世晚期的一种哺乳类。它的头部不大，吻部尖细，身体修长，体表长有浓密的毛发，一条长长的尾巴拖在身后，外貌和现代的水獭很像。古生物学家在研究软食中兽的头骨与牙齿化石时，发现它与巴基鲸有相似之处，于是认为软食中兽和原始鲸类有一定关联。

小古猫

生活时期　始新世
栖息地　森林
食　物　其他哺乳动物、鸟类、爬行动物
化石发现地　北美洲、欧洲

小古猫的外形和黄鼠狼有些像，头部扁平，身体细长，四肢相对较短，其中后肢比前肢长，爪子可以来回伸缩，灵活自如，十分适合攀爬树木，身后还有一条毛茸茸的长尾巴。小古猫的名字里虽然有一个"猫"字，但它并不属于猫科动物，它的骨盆形状与结构有些像犬类的特征，因此科学家们推测小古猫可能是现代猫科与犬科的共同祖先。

伊神蝠

生活时期 始新世
栖息地 林地
食物 昆虫
化石发现地 美国

在始新世，出现了会飞行的哺乳动物——伊神蝠。它的外表和现代的蝙蝠没太大差别，但还是保留有一些原始特征。伊神蝠的双翼顶端的指上长着钩爪，还有一条细长的尾巴，不与后肢相连。伊神蝠昼伏夜出，科学家推测这是因为它要躲避白天捕食的猛禽类。

始祖象

生活时期　始新世至渐新世
栖息地　河流、沼泽
食　性　植食
化石发现地　埃及

　　始祖象并不是现代大象的祖先，它没有长长的鼻子，耳朵也不大，光看外表，可能更接近河马一些。人们之所以称呼它为始祖象，是因为它化石的某些特征与现代大象有些相似。始祖象的眼睛与耳朵跟河马一样，都长在头上较高的地方。这样即便它躲在水里的时候，也能用眼睛和耳朵去观察水面上的情况。

高帝纳猴

生活时期 始新世
栖 息 地 林地
食 物 昆虫、果实等
化石发现地 德国

　　高帝纳猴是早期灵长类之一，它的外貌类似现代的狐猴，拥有很大的眼窝，这显示它有很好的视力，即便在夜晚也可以自由活动，不用担心会因为看不清楚而撞到树上。高帝纳猴的四肢修长，很擅长在树干间跳跃，沿着树枝奔跑，然后不断寻找食物来填饱肚子。

达尔文麦赛尔猴

生活时期 始新世
栖 息 地 森林
食 性 植食
化石发现地 德国

　　为了纪念著名的"进化论之父"——达尔文，科学家把一副代表人类进化史缺失环节的重要化石命名为"达尔文麦赛尔猴"，它还有一个名字叫"艾达"。从化石来看，艾达长约 60 厘米，其中尾巴的长度占了一半还多。艾达的脸比较尖，有一双大眼睛，它的身体很瘦，四肢与现代的猴子相比显得很短。艾达的四肢长有五趾，能够对握，因此能轻松地攀爬树木，摘取食物。

尤因它兽

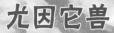

生活时期　始新世
栖　息　地　平原
食　　　性　植食
化石发现地　亚洲、北美洲

　　尤因它兽的外形第一眼看上去和现代犀牛很像，但实际上它和犀牛之间并没有什么关联。尤因它兽身体笨重，脑袋上长着奇怪的角，吻部还有一对尖长的獠牙，这些都是它的武器。别看尤因它兽面目凶恶，长相狰狞，其实它是一种性情温顺的草食性动物。

155

巨角犀

生活时期　始新世
栖息地　平原
食性　植食
化石发现地　北美洲、亚洲

巨角犀的名字来源于它鼻端上两个呈"丫"形的巨大钝角。它的体形和身体结构都和现代犀牛很接近。科学家推测，雄性巨角犀在求偶的时候，会用鼻端的两角相互角抵，以这种方式来吸引异性。

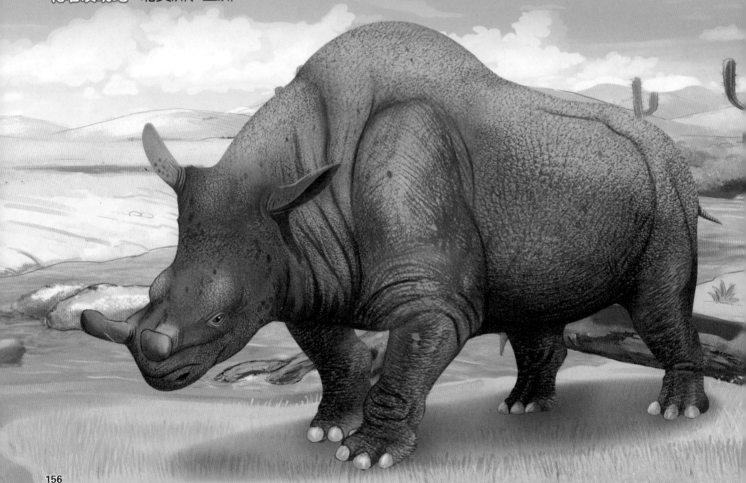

高齿羊

高齿羊的体形和现代羊差不多，看
上去有些像马或者鹿。它的脑袋不大，
脖子很短，牙齿很适合啃咬植物；身体
较长，四肢略短，经常集群聚在一起，
在史前北美的陆地上游荡。

生 活 时 期 始新世
栖 息 地 林地、草原
食　　　物 叶子
化石发现地 北美洲

埃及重脚兽是一种巨型草食性哺乳动物，和大象有着亲缘关系。它的外表形态、大小接近现代的犀牛，最显眼的特征就要数它那一对从鼻端延伸出来的大角，看上去和刀子一样。而在埃及重脚兽的头顶，还有一对不起眼的小角，长在大角后面。由于埃及重脚兽身躯健壮，力量强大，所以在当时很少有动物能威胁到它。

埃及重脚兽

生 活 时 期 始新世
栖　息　地 森林、河岸
食　　　性 植食
化石发现地 非洲

始剑齿虎最醒目的特征就是它那外露的一对上犬齿，又长又弯，十分锋利；而它的下犬齿已经退化成类似门牙的结构。始剑齿虎的嘴巴可以张得很大，大约能张开 90 度以上，这使得它能非常高效地利用锋利的剑齿给予猎物致命一击。始剑齿虎有大有小，体形与现代豹子差不多，最小的只比家猫大一些。

始剑齿虎

生活时期　始新世
栖 息 地　平原
食　　　性　肉食
化石发现地　美国、法国

159

犬熊

生 活 时 期 始新世
栖 息 地 平原
食 性 杂食
化石发现地 德国、法国、西班牙，北美洲

犬熊是早已灭绝的史前哺乳动物，长得像狗和熊的综合体。它的身体粗壮结实，这点与熊很像；而它的牙齿交错纵横，又和犬类很接近。犬熊凭借自己强壮的身躯，高大的体形，成为了当时一种非常成功的大型捕食动物。科学家分析，它可能和棕熊一样，食谱里既有植物，也有动物。

陆行鲸的外表和鳄鱼很像，是一种早期的鲸鱼。但和现代完全依赖水的鲸鱼不同，它是一种半水生的哺乳动物，依旧保留有四肢，这使得它不仅可以在水中游泳，也能在陆地上行走，因此它还有一个别名叫"游走鲸"。

陆行鲸

生 活 时 期　始新世
栖 息 地　浅水、陆地
食　　　性　肉食
化石发现地　巴基斯坦

龙王鲸是目前人们已知的原始鲸类之一。它体形巨大，身体狭长，成年后的体长可以达到 18 米，与其说它是鲸鱼，倒不如说更像海蛇一些。为了维持庞大身体的正常行动，龙王鲸需要吃大量的食物，所以它常常在浅海游来游去，用自己短而锋利的牙齿，捕食猎物。

龙王鲸

生 活 时 期　始新世
栖 息 地　海洋
食　　　物　鱼类
化石发现地　美国、埃及、巴基斯坦

渐新马

生活时期 始新世至渐新世
栖 息 地 平原
食 性 植食
化石发现地 北美洲

渐新马又叫间马，它的体形和始祖马比起来，要大不少。它的头部扁而长，颅骨有轻微凹陷，眼孔的位置略微靠后，两眼之间的距离比较远。它的门齿后有一道空隙，这是渐新马的独特之处。此时渐新马的脚趾前后都是三个，主要靠强壮的中趾站立，而剩余两介侧趾的功能很小，渐渐开始退化。

长颈副巨犀

生活时期 渐新世
栖 息 地 平原
食 性 植食
化石发现地 中国、蒙古国、巴基
斯坦、哈萨克斯坦、
印度

长颈副巨犀堪称地球历史上体形最大的陆生哺乳动物之一，它的肩高将近5米，身长8米，体重约有15吨，比4头大象还要重！它的样子很有特点：犀牛一样的外貌，却有着一个长脖子，身躯健壮，四肢略显细长。很显然，长颈副巨犀和长颈鹿一样，都是仰着脖子去吃高处的树叶。

恐颌猪

生 活 时 期 渐新世
栖 息 地 草原
食 性 杂食。植物、腐肉、其他动物
化石发现地 美国

恐颌猪长着大大的犬齿和锐利的前臼齿，它对食物的欲望很强烈，一点也不挑食，既吃动物，也吃植物，甚至连腐食也吃。有时候即便是吃饱了，它也要仗着身体强壮，张开大嘴，去抢夺其他动物的食物。

渐新象

科学家研究了渐新象的化石后发现，它的外表有些接近现代大象，但鼻子很短，远没有现代大象那么长。它的上、下颚都有牙齿，上颚的牙齿短而锋利，可以用来防御；下颚的牙齿像铲子，很可能是渐新象用来收集食物的工具。

生 活 时 期	渐新世
栖 息 地	森林
食 性	植食
化石发现地	北非

环棘鱼

生 活 时 期 古新世
栖 息 地 淡水池塘和湖泊
食　　物 无脊椎动物
化石发现地 美国

环棘鱼是早已灭绝的古新世鱼类之一。从出土的化石来看，环棘鱼长着尖尖的嘴巴，身体扁平，身体周围环绕着近圆形的胸鳍，身后长有一根细长好像鞭子似的尾巴。这些都是它的主要特征。

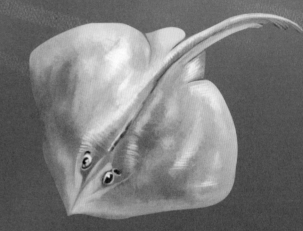

双棱鲱

生 活 时 期 古新世至始新世
栖 息 地 河流、湖泊
食　　物 其他小型鱼类
化石发现地 美国、黎巴嫩、叙利亚，南美洲

双棱鲱的形象和现代的鲱鱼有些相像，是鲱鱼的亲戚。从化石上可以看出，双棱鲱的嘴唇向上翻起，拥有在水面上捕食的能力，长有单独的背鳍，尾巴的形状也很特殊，"V"形的尾巴看上去和剪刀差不多。化石显示，在双棱鲱的嘴部还保留着另外一条鱼类的化石，疑似艾氏鱼。

艾氏鱼

生活时期　始新世
栖　息　地　河流
食　　　物　昆虫、浮游生物
化石发现地　美国

　　艾氏鱼的脑袋不大，下颌微微内敛，不算突出，体形和一般的现代鱼差不多，也呈纺锤形。科学家们在许多体形较大的鱼类化石中，都发现了艾氏鱼的残骸。说明在当时艾氏鱼可能是一种集群生活的鱼类

巨齿鲨

生活时期 渐新世

栖息地 海洋

食物 海洋动物

化石发现地 除了澳大利亚和南极洲，各大洲均有发现

一听巨齿鲨的名字，就知道它的牙齿非常巨大。它随便一颗牙齿化石，就相当于正常成年人的一只手掌大小。巨齿鲨的牙齿呈三角形，边缘有着锋利的锯齿，看上去就像大白鲨粗壮牙齿的放大版本。虽然没有找到巨齿鲨完整的骨骼化石，但科学家根据牙齿推测出，它的身体呈流线型，长度大约能有 20 米，算得上当时的海中巨无霸。

普瑞斯比鸟

生活时期 古新世
栖 息 地 湖滨
食 物 水生植物、浮游生物
化石发现地 欧洲、北美洲、南美洲

普瑞斯比鸟的外表就像一只高大的鸭子，所以也被称为古鸭。普瑞斯比鸟的脖子很长，一双腿又细又长，脚掌很大，上面长着蹼。它们平时可能聚居在一起，然后蹚入水中，低下头用喙嘴探入水里觅食。普瑞斯比鸟的适应能力很强，在远古生存了很多年，是当时最成功的鸟类之一。

古近纪是鸟类不断发展的时期，除了能够飞向天空的鸟类之外，还出现了一些失去飞行能力的鸟类。

169

加斯顿鸟

生活时期 始新世
栖息地 森林
食 性 杂食。肉类、植物、腐肉都有可能
化石发现地 欧洲、北美洲

　　加斯顿鸟是一种不会飞行的大型鸟类，它的个头比一个成年人还要高。加斯顿鸟的喙特别大，整体呈钩状，全身长满羽毛，身躯健壮，长长的双腿满是发达的肌肉，看上去极富力量感。它生活在古近纪中期茂盛的森林里，古生物学家推测，它应该是阴险狡诈的伏击者，耐心等待猎物出现，然后一击必杀。

曲带鸟

生活时期　渐新世
栖 息 地　森林、草原
食　　性　杂食
化石发现地　南美洲

　　自从恐龙灭绝后，
不会飞行的鸟类就成为
陆地霸主，曲带鸟更是其
中优秀的一类。它是一种
失去飞行能力的巨型鸟，
曾经广泛分布于南美洲
的各处。曲带鸟拥有巨大
的头颅和鸟喙，翅膀退化
成协助捕食的工具，双
腿筋骨强健，肌肉有力，
善于奔跑，任何猎物都逃
不过它的追捕。

长腿恐鹤

生活时期 渐新世
栖 息 地 森林
食 性 肉食
化石发现地 南美洲

长腿恐鹤站立起来
高达2.5米，体重约有
400千克。和同时期的
大多数鸟类一样，沉重
的身体以及原始的翅膀，
让它失去了飞行的能力。
虽然长腿恐鹤不会飞，
但它奔跑的速度却很快，
再加上它的翅膀能像一
对手臂一样捕捉猎物，因
此几乎没有猎物可以逃
脱长腿恐鹤的猎杀。

172

新近纪

新近纪是地质历史上最新的一个纪，开始于大约2300万年前，结束于大约258万年前。在新近纪，大部分哺乳动物进化得更高级，类似人的灵长类动物开始出现……

巨鬣狗

生活时期　中新世
栖　息　地　草原
食　　　性　肉食
化石发现地　亚洲、欧洲，北非地区

　　巨鬣狗是鬣狗家族历史上最出名的大家伙。据估算，成年巨鬣狗的体重达 380 千克，可能比棕熊还要重很多。不过，迄今为止，人们对巨鬣狗的生活习性了解还比较少。

后猫

生活时期 中新世
栖息地 森林
食性 肉食
化石发现地 亚洲、非洲

　　后猫是与剑齿虎同时出现的一种猫科动物，通常被划归入剑齿虎家族。它的体形与美洲狮类似，身材细长，剑齿又扁又短。古生物学家认为，后猫应该是伏击高手，善于潜伏在隐蔽的环境中偷袭猎物。

海熊兽

生活时期　中新世
栖 息 地　海岸
食　　　物　鱼类、贝类、其他肉类
化石发现地　美国

　　海熊兽是史前鳍脚类最著名的动物之一。它长有一双大大的眼睛和特殊的内耳，可以在复杂的深海环境中找到猎物。捕猎成功后，海熊兽可能会到岸上享受美食，此时，它的动作就显得有些慢吞吞了，这点与现生海狮十分类似。

袋剑虎

生活时期　中新世
栖　息　地　平原
食　　　性　肉食
化石发现地　南美洲

　　袋剑虎虽然长得很像剑齿虎，但却是有袋类动物中的一员。它身形"魁梧"，尤其是前肢非常发达。人们推测，袋剑虎可能是捕食大型食草动物的肉食强者。

177

互棱齿象

生活时期　中新世至更新世
栖　息　地　林地
食　　　性　植食
化石发现地　亚洲、欧洲

互棱齿象游荡在 200 万年前的亚洲和欧洲，以树叶和树根为食。除了嘴巴里伸出的那长达 3～4 米有些夸张的象牙，它看起来与现代象长得差不多。这种长着"长剑"牙的象类应该死于由于气候变化引起的食物匮乏。

远角犀

生活时期	中新世至上新世
栖息地	平原
食物	草
化石发现地	北美洲

远角犀最显著的特点是鼻子上长有一个小小的圆锥形角。这种早期的有角犀牛身形惊人，四肢粗壮，看起来十分笨重。人们曾在史前河流遗址以及湖泊沉积物中发现了大量远角犀化石，这说明它与河马一样，也喜欢"泡澡"。

后弓兽

生 活 时 期	中新世至更新世
栖 息 地	草原
食 物	树叶和草
化石发现地	南美洲

后弓兽的样子十分特别，看起来就像多种动物的整合体：大象一般的鼻子，骆驼一般的长脖子，马一般的身体。在700万年前南美洲的平原上，处处都有它的身影。

草原古马

生 活 时 期　中新世
栖 息 地　平原
食　　　物　草
化石发现地　美国、墨西哥

草原古马的吻部突出，颌骨较深，双眼位于头部两侧、距离更长，所以它被古生物学家称为"第一种头颅类似现代马"的动物。草原古马只吃草，不吃树叶，这点与其祖先也有差别。它每只脚上长有三个趾，中趾用于奔跑，其他两趾趋于退化。

始长颈鹿

生活时期　中新世至上新世
栖　息　地　草原
食　　　性　植食
化石发现地　亚洲、欧洲、非洲

　　始长颈鹿是现生长颈鹿
和霍加狓的祖先。它的模样和
霍加狓很像，并没有长长的脖
子。不同的是，始长颈鹿的头
上长有两对毛茸茸的角，看上
去很奇怪。

古骆驼

生活时期	中新世至上新世
栖息地	草原、林地
食性	植食
化石发现地	北美洲

古骆驼有着长长的脖子和修长的四肢，看起来很像长颈鹿。它每只脚上长有两个趾，足底还有厚厚的肉垫，所以可以飞速奔跑。

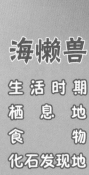

海懒兽

生活时期　中新世至上新世
栖 息 地　海洋、陆地
食　　物　海草、海藻
化石发现地　南美洲

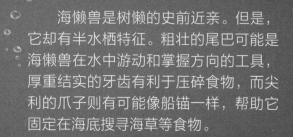

　　海懒兽是树懒的史前近亲。但是，它却有半水栖特征。粗壮的尾巴可能是海懒兽在水中游动和掌握方向的工具，厚重结实的牙齿有利于压碎食物，而尖利的爪子则有可能像船锚一样，帮助它固定在海底搜寻海草等食物。

森林古猿

生活时期　中新世
栖　息　地　林地
食　　　性　植食
化石发现地　亚洲、欧洲、非洲

森林古猿体形与黑猩猩相近。它大部分时间栖息在树上，可能会用长长的手臂在高大的树木间"荡秋千"。森林古猿无论爬树，还是在地面上行走都习惯四肢并用。不过与黑猩猩用指关节抵地行走不同，它行走时整个脚掌都是着地的。

剑吻古豚

生活时期　中新世
栖息地　海洋
食　　物　鱼类
化石发现地　法国、比利时、美国

　　剑吻古豚正如它的名字一样，上颚延伸出一个长长的尖吻。特别的是，这个尖吻里分布着密密麻麻的锋利牙齿。古生物学家推测，这种古老的海生哺乳动物很可能如它的现生近亲一样，拥有回声定位捕食的本领。

利维坦鲸

生活时期　中新世
栖息地　海洋
食　　性　不详
化石发现地　南美洲

　　利维坦鲸与巨齿鲨一样，堪称顶级掠食者。它不仅体形庞大，还长着满口锋利的鲸齿。这种大型鲸战斗力十分强悍，甚至可能捕食比自身还要大的须鲸。

恐猫

生活时期　上新世至更新世
栖息地　森林
食　性　肉食
化石发现地　亚洲、欧洲、非洲、北美洲

恐猫是一种体形和美洲豹相仿的猫科动物。它的双腿强壮修长，指爪能任意伸缩，比较擅长爬树。它那灵活的尾巴有利于在运动过程中保持身体平衡。位于头顶前端的双眼，则能帮助它准确判断距离。具备了这些有利因素，跳跃和捕猎对恐猫来说应该是小菜一碟了。

187

剑齿虎

生活时期　上新世至更新世
栖　息　地　平原
食　　　性　肉食
化石发现地　北美洲、南美洲

与很多现生猫科动物一样，剑齿虎的肌肉十分发达，是出色的捕猎高手。熊、马以及猛犸象幼崽等动物都在剑齿虎的狩猎名单中。不过，剑齿虎的牙齿还不够坚硬，不足以直接咬穿猎物的脖子。所以，捕猎时它通常会采取"先扑倒猎物，再撕咬其咽喉"的战术。

大地懒

生活时期 上新世至更新世
栖息地 林地
食性 植食
化石发现地 南美洲

大地懒的全身覆盖着一层厚厚的浓密毛发，毛发下还隐藏着一层由骨质甲片组成的"盔甲"。它既可以用四足行走，又可以用后肢站立。直立行走时，大地懒的身高是大象的两倍，完全能用弯弯的爪子拉下高处的枝条，以填饱肚子。

189

雕齿兽

生活时期 上新世至更新世
栖息地 草原
食物 草
化石发现地 南美洲

雕齿兽身体被坚硬的甲壳覆盖，就像身披铠甲的武士。此外，那长满角质刺的管状尾巴也是雕齿兽的显著特征。拥有如此完善的防御装备，相信再凶猛的肉食性动物前来挑衅、进攻，雕齿兽也能沉着应对。

佩罗牛

生 活 时 期	上新世至更新世
栖 息 地	草原
食 性	草
化石发现地	非洲

佩罗牛的四肢修长，身体健壮，还长着一对弯弯的大角。它是非洲水牛的近亲，名字来源于希腊神话，意思是"怪物一样的羊"。

191

大角鹿

生活时期	上新世至全新世
栖息地	平原
食性	植食
化石发现地	欧亚大陆

　　大角鹿是已知体形最大的鹿类之一。雄性大角鹿长有极为夸张的鹿角，这是它吸引异性、获得青睐的必备工具。此外，大大的鹿角还是雄鹿耀武扬威的利器，可以帮助它震慑住敌人。与现生鹿类一样，这标志性的大角每年要更换一次。

南方古猿比其他猿类更接近现代人类，这不是因为它的大脑已经有现代人类的三分之一大小，也不是因为它有长毛发的皮肤，而是它能直立行走。所以，南方古猿被认为是从猿到人的重要过渡物种。

南方古猿

生 活 时 期　上新世至更新世
栖　息　地　森林
食　　　性　杂食
化石发现地　非洲

泰坦鸟

生活时期 上新世至更新世
栖息地 草原
食性 肉食
化石发现地 南美洲、北美洲

泰坦鸟的体重是成人的两倍，但强健的双腿足以支撑它的体重。它跑得比人还快，时速甚至能超过60千米。特别的是，它厚重的嘴喙末端带着尖钩，这足以杀死猎物并撕开它们的身体。不过，泰坦鸟的翅膀却非常短小，似乎没有什么特别的用处。

与其他几个纪相比，第四纪时期的动物类别并没有太大程度的更新，而是动物属种在原有基础上得到了进一步发展。

第四纪

第四纪大约从 258 万年前开始，一直持续至今。它是新生代最新也是最后的一个纪。

恐鸟是史前鸟类中最大的不会飞行的鸟类之一。它的身形肥大，下肢粗短，看起来非常健壮。700 年以前，新西兰曾广泛分布着这种大鸟。但是随着环境的改变和人类的猎杀，恐鸟很快就在地球上消失了。

进入第四纪，鸟类家族也不甘落后，演化出了许多物种。它们或翱翔于天空，或占据着陆地。一些成员经过进化，甚至变成了凶猛的肉食性鸟类。

恐 鸟

生活时期　更新世至全新世
栖 息 地　平原
食　　性　植食
化石发现地　新西兰

哈斯特鹰

生活时期 更新世至现代
栖息地 森林
食性 肉食
化石发现地 新西兰

　　哈斯特鹰曾经雄霸新西兰岛，是恐鸟的主要天敌。饥饿时，它会在森林里飞行、巡视一番，寻找可口的"饭菜"。目标锁定以后，哈斯特鹰只需要找准时机，用巨爪和尖喙猛力攻击猎物的脖子和头部，就能让这些猎物瞬间毙命。

恐狼

生活时期　更新世
栖 息 地　平原
食　　性　肉食
化石发现地　加拿大、美国、墨西哥

与现代狼相比，恐狼的头颅较宽，颌骨更加强壮，牙齿也更长更大。古生物学家根据已发现的恐狼化石推测，它除了吃腐肉外，还会合力围捕野牛等大型动物。恐狼在最后一个冰期销声匿迹了，这可能是由植食性动物灭绝造成的。

第四纪包括更新世和全新世。更新世初期，有蹄类动物、长鼻类动物依旧繁盛；更新世末期，受气候突变的影响，不少物种衰亡了。到了第四纪的最后阶段——全新世，动物家族尤其是哺乳动物的面貌已经和现代差不多了。

熊齿兽

生活时期　更新世
栖息地　　山地、林地
食性　　　杂食
化石发现地　北美洲

熊齿兽用后肢站立时，可能比两个成年人的身高之和还要高。所以，它通常被认为是目前已知的体形最大的熊类。熊齿兽生性凶猛，专门捕食马、鹿、野牛等大型动物。不过，它有时也会吃些植物来调剂口味。

巨型短面袋鼠

生活时期 更新世
栖息地 森林、平原
食性 植食
化石发现地 澳大利亚

巨型短面袋鼠是已知的最大的袋鼠之一，体重为 200 ~ 230 千克。除了格外出众的体形，它那类似马蹄的大脚趾和极具个性的前爪同样令人惊讶。古生物学家认为，拥有特长手指的前爪可能是它抓取树叶的最佳工具。

原牛

生活时期　更新世至全新世
栖息地　林地
食物　植物。如草、水果等
化石发现地　亚洲、欧洲、非洲

原牛是很多现生牛科动物的祖先。它的体形庞大，体重可达 1 吨。这种肌肉发达、四肢强壮有力的家伙性情极为凶猛狂野，非常难以接近。与很多现生牛科动物一样，但凡有敌人来挑衅，原牛就会用那巨大的、朝前弯曲的角向敌人发动猛烈进攻。

真猛犸象

生活时期 全新世
栖息地 冻原
食性 植食
化石发现地 亚洲、欧洲、北美洲

　　真猛犸象因体表覆盖着又粗又长的毛也被称为"长毛象"。它是猛犸象家族中体形较小的一类成员，主要生活在气候寒冷的北方冰原地带。

巨猿

生活时期 更新世
栖息地 森林
食　　物 竹子、树叶、果实
化石发现地 中国、印度、越南

　　古生物学家通过研究巨猿的化石认为，它站立时有 3 米高，体重达 540 多千克，可能是有史以来最大的类人猿。这些大家伙不杀生，只吃竹子等素食，所以应该十分温柔。人们推测，巨猿也是集小群生活的动物。每一个"小团体"会由一只颇具威望的雄猿来领导。

　　进入第四纪，生物界已经进化到现代面貌，尤为特别的是灵长目动物完成了从猿到人的进化。

203

直立人

生活时期 更新世
栖息地 草原、林地
食　　性 杂食
化石发现地 亚洲、欧洲、非洲

　　直立人身材高大，从体形到外表都和现代人非常相似。他们有着比现代人更平坦的额头、发达的双颌和牙齿。这些最早期的人类起源于非洲，后来逐渐走入了亚洲，并由此进入了欧洲大陆。

　　大约在500万年前，非洲东部出现了一种大型高级灵长类动物——南方古猿，它被认为是最早的人类祖先。接下来就是进一步的演化，出现了许多外表与现生人类更接近的新物种。"新人类"逐渐适应了直立行走，还学会了使用工具，人类就这样一步一步进化得更加高级。

尼安德特人

生 活 时 期 更新世
栖 息 地 草原和林地
食 性 杂食，以肉类为主
化石发现地 亚洲、欧洲

尼安德特人有着低矮倾斜的额头、厚重的眉弓、大大的鼻子和前突的双颌，是一群身体健壮、头脑聪明的人类。他们懂得使用语言交流，可以缝制衣物，会用火和工具，拥有固定的居所。很多学者认为，尼安德特人是现代欧洲人祖先的近亲。

智人

生活时期　更新世
栖息地　几乎所有陆地
食性　杂食
化石发现地　除南极洲及部分岛
　　　　　　屿外的世界各地

　　一些化石证据和基因
研究结果表明，智人起源
于约 20 万年前的非洲。
经过不断发展，他们拥有
了更为复杂的大脑。于是，
高智商使我们的祖先在发
明狩猎工具、懂得建造居
所以及制作衣物的同时，
也学会了人工取火。